# AI短视频创作全攻略

## DeepSeek+可灵+即梦

（实战案例版）

宋夏成　何木子　等 编著



化学工业出版社
·北京·

## 内容简介

《AI短视频创作全攻略：DeepSeek+ 可灵 + 即梦（实战案例版）》是一本聚焦多种 AI 工具协同创作的实战手册，致力于解决创作者在短视频创作中面临的效率低、技术门槛高、创意落地难三大痛点。全书以 DeepSeek（导演中枢）、可灵 AI（视觉制作）、即梦 AI（进阶创作）的协同框架为核心，通过全流程案例拆解，揭示 AI 工具在脚本生成、分镜设计、动态视觉、数字人配音、智能配乐等环节的高效分工。本书不仅帮助读者掌握短视频工业化生产技能，更提供 AI 时代的内容创作方法论，助力创作者从"执行者"升级为"AI 导演"，在短视频浪潮中抢占先机，实现个人价值与商业收益的双重突破。

本书适合短视频创作者、自媒体运营者、内容产业与数字媒体从业者、创意工作者与设计师阅读，对 AI 技术感兴趣的人群也可以阅读，本书也可以作为大中专院校和培训机构的教材使用。

**图书在版编目（CIP）数据**

AI短视频创作全攻略 ： DeepSeek+可灵+即梦 ： 实战案例版 / 宋夏成等编著. -- 北京 ： 化学工业出版社，2025. 10. -- ISBN 978-7-122-48789-6

Ⅰ. TN948.4-39

中国国家版本馆CIP数据核字第2025G5F732号

责任编辑：雷桐辉
责任校对：王　静
装帧设计：王晓宇

出版发行：化学工业出版社
（北京市东城区青年湖南街 13 号　邮政编码 100011）
印　　装：北京缤索印刷有限公司
787mm×1092mm　1/16　印张 14½　字数 358 千字
2026 年 2 月北京第 1 版第 1 次印刷

购书咨询：010-64518888　　售后服务：010-64518899
网　　址：http://www.cip.com.cn
凡购买本书，如有缺损质量问题，本社销售中心负责调换。

定　　价：89.80元

# 前言

在当今数字化飞速发展的时代，短视频已成为人们生活中不可或缺的一部分，无论是记录生活、分享创意，还是进行商业推广，短视频都展现出了强大的影响力和传播力。然而，对于许多创作者来说，制作高质量的短视频往往面临着诸多挑战，如复杂的后期制作、高昂的成本以及对专业技能的要求。但随着 AI 技术的不断进步，这些难题正逐渐被解决。

本书将带你进入一个全新的创作世界，探索如何利用 AI 工具高效地制作出令人惊叹的短视频。通过结合 DeepSeek、可灵 AI、即梦 AI 这三款强大的 AI 工具，你将能够轻松地将创意转化为现实，开启属于你的短视频创作之旅。

在本书中，你将学习到：

① AI 工具的分工与协作：了解 DeepSeek、可灵 AI/ 即梦 AI 和剪映在短视频创作中的不同角色和优势，以及它们如何相互配合，形成一个完整的创作流程。DeepSeek 作为总导演，负责创意策划和流程规划；可灵 AI 和即梦 AI 则扮演特效师的角色，为作品增添精彩的视觉效果；而剪映作为后期专家，将所有素材精心打磨，呈现出最终的成品。

② 从创意到成品的实战技巧：深入学习如何运用这些 AI 工具，从创意构思到视频输出的每一个环节。你将掌握如何使用 DeepSeek 进行高效的内容创作，如何编写精准的提示词以获得理想的视觉效果，以及如何利用剪映进行精细的后期处理。

③ 详细的案例分析与操作指南：通过具体的案例，如制作宇宙科幻短片，了解每个工

具在实际创作中的应用。从 DeepSeek 的创意规划，到可灵 AI 和即梦 AI 的特效制作，再到剪映的后期整合，每一个步骤都配有详细的操作说明和注意事项，让你能够轻松上手。

④ AI 技术对短视频创作的影响：探讨 AI 技术如何改变短视频创作的格局，以及创作者在 AI 时代如何适应新的生存法则。了解 AI 技术带来的机遇和挑战，掌握在新的创作环境中脱颖而出的关键。

无论你是短视频创作者、内容策划者，还是对 AI 技术感兴趣的探索者，本书都将为你提供宝贵的洞见和实用的技能。让我们一起拥抱 AI 技术，开启短视频创作的新篇章，用创意和科技的力量点亮你的创作之路。

本书在编写过程中，得到了金静、孙露等参编作者的大力支持，他们为本书的案例整理与内容完善付出了很多努力，在此表示衷心的感谢。

**编著者**

# Contents 目录

AI

# 第1章

# AI 工具分工指南

在这个 AI 技术蓬勃发展的时代，各种 AI 工具层出不穷，它们在不同的领域发挥着独特的作用。了解这些 AI 工具的优势及在工作流中的角色，能让我们在实际应用中事半功倍。本书将带领大家学习使用 DeepSeek、可灵 AI、即梦 AI 以及剪映这几款强大的 AI 工具，创作出专属的 AI 短视频。下面将为大家介绍它们在工作流中的定位。

## 1.1 AI 工具在短视频创作中的分工

**（1）DeepSeek：总导演**

DeepSeek 在 AI 工具团队中就像一位总导演。它擅长统筹全局，将各种资源和要素整合在一起，为整个项目制定方向和策略。当你有一个复杂的任务，比如制作一部科幻短片，DeepSeek 能够帮助你规划整个项目流程。它会根据你的要求，安排好每个环节的顺序和重点，确保每个部分都能顺利进行，并且最终呈现出符合你预期的作品。在工作流中，DeepSeek 负责从创意构思到执行计划的制定，就像总导演把控着整个作品的方向和质量，让各个部门和环节都能有条不紊地协同工作。

**（2）可灵 AI/ 即梦 AI：特效师**

可灵 AI 和即梦 AI 在团队中扮演着特效师的角色。它们专注于为作品增添令人惊叹的视觉效果。以制作宇宙科幻短片为例，可灵 AI 和即梦 AI 能够根据你的描述，生成壮观的宇宙场景、炫酷的科幻特效以及未来感十足的元素。无论是星云的绚丽色彩、飞船的光影效果，还是外星生物的独特造型，它们都能通过精准的提示词生成高质量的图像和视频特效。在工作流中，它们负责将创意转化为视觉上令人震撼的现实，为作品增色添彩，就像特效师用他们的魔法让影片更加引人入胜。

**（3）剪映：后期专家**

剪映则是团队中的后期专家。在制作过程中，它负责对已有的素材进行精细的剪辑和调整。当你拍摄或生成了一系列视频片段后，剪映能够帮助你将这些片段按照叙事逻辑和节奏进行拼接和整合。它提供了丰富的剪辑功能，如裁剪、拼接、添加转场效果、调整色彩等，让你的作品在后期制作阶段达到专业水准。在工作流中，剪映是最后的把关者，通过它的精心处理，让整个作品在节奏、视觉效果和叙事连贯性上更加完美，就像后期专家用他们的技艺打磨出一部精美的成品。

AI 工具的角色定位、主要功能及应用场景见表 1-1。

**表 1-1 AI 工具的角色定位、主要功能及应用场景**

| 工具名称 | 角色定位 | 主要功能 | 应用场景 |
|---|---|---|---|
| DeepSeek | 总导演 | 统筹全局，制定创意方向和执行计划 | 创意策划、脚本撰写、资源整合 |
| 可灵 AI/ 即梦 AI | 特效师 | 生成视觉特效和优化画面 | 特效制作、画面增强、视觉表现力提升 |
| 剪映 | 后期专家 | 精细剪辑和调整视频素材 | 素材整合、节奏调整、视觉效果优化、成品输出 |

## 1.2　AI 工具在短视频创作中的优势

### （1）DeepSeek：高效整合资源

DeepSeek 的优势在于其强大的资源整合能力。它能够快速分析大量的数据和信息，为创作者提供全面的创意灵感和素材支持。在短视频创作中，DeepSeek 可以帮助创作者迅速找到合适的主题、故事线和表现形式，大大缩短了前期策划的时间。此外，它还能根据创作者的需求，智能推荐合适的拍摄场景、道具和演员，使创作过程更加高效和顺利。

### （2）可灵 AI/ 即梦 AI：创造视觉奇观

可灵 AI 和即梦 AI 在视觉效果创作方面具有独特的优势。它们能够根据简单的文字描述，快速生成高质量的图像和视频特效，为作品带来震撼的视觉冲击力。这些工具在处理复杂的视觉效果时，不仅速度快，而且质量高，能够满足创作者对于高质量视觉内容的需求。无论是科幻场景、奇幻生物，还是未来科技元素，它们都能轻松应对，为创作者实现天马行空的创意提供了强大的技术支持。

### （3）剪映：精准后期处理

剪映的优势在于其精准的后期处理能力。它提供了丰富多样的剪辑功能和特效选项，让创作者能够对视频进行细致入微的调整。通过剪映，创作者可以轻松实现画面的裁剪、拼接、转场效果添加等基本操作，还能进行更高级的色彩调整、音频处理和字幕添加等。这种精准的后期处理能力，使得创作者能够将原始素材打磨成符合预期的高质量作品，提升作品的整体品质和观赏性。

## 1.3　AI 工具在短视频创作中的应用场景

### （1）DeepSeek：创意策划与脚本撰写

在短视频创作的前期阶段，DeepSeek 主要应用于创意策划和脚本撰写。创作者可以通过与 DeepSeek 的对话交互，快速产生多种创意想法，并从中筛选出最符合主题和目标的创意方向。DeepSeek 能够根据创作者提供的关键词、主题或风格要求，生成详细的脚本内容，包括场景描述、角色对白和动作设计等。这不仅为创作者提供了丰富的创意参考，还能直接作为拍摄脚本使用，大大提高了创作效率。

### （2）可灵 AI/ 即梦 AI：特效制作与画面增强

在拍摄过程中，可灵 AI 和即梦 AI 主要用于特效制作和画面增强。当需要呈现一些难以通过实际拍摄实现的场景或效果时，创作者可以利用这些工具生成相应的特效画面。例如，在制作宇宙科幻短片时，可以通过可灵 AI 或即梦 AI 生成宇宙星空、星际飞行、外星生物等特效画面，然后将其与实际拍摄的画面进行合成。此外，这些工具还可以对拍摄的画面进行增强处理，提升画面的色彩饱和度、对比度和清晰度，使画面更加美观和专业。

### （3）剪映：素材整合与成品输出

在短视频创作的后期阶段，剪映负责素材的整合和成品的输出。创作者将拍摄好的视频片段、生成的特效画面以及其他相关素材导入剪映中，按照预定的脚本和叙事逻辑进行拼接和整合。通过剪映的剪辑功能，创作者可以调整视频的节奏，添加合适的转场效果和背景音乐，使整个作品更加流畅和连贯。最后，剪映将处理好的视频输出为最终的成品，供创作者发布和分享。

## 1.4 AI 工具在短视频创作中的协同作用

**（1）前期策划：DeepSeek 主导创意方向**

在短视频创作的前期策划阶段，DeepSeek 作为总导演，主导整个创意方向。创作者可以通过与 DeepSeek 的交流，明确创作主题、目标受众和风格定位。DeepSeek 会根据这些信息，为创作者提供丰富的创意灵感和素材支持，帮助创作者制定详细的拍摄计划和脚本。在这个过程中，DeepSeek 的高效整合资源能力能够快速为创作者提供多种可行的创意方案，节省了创作者大量的时间和精力。

**（2）中期拍摄：可灵 AI/ 即梦 AI 助力视觉呈现**

进入中期拍摄阶段，可灵 AI 和即梦 AI 作为特效师，开始发挥它们的作用。根据 DeepSeek生成的脚本和创意要求，创作者可以利用可灵AI或即梦AI生成所需的特效画面。这些特效画面与实际拍摄的画面相结合，丰富了作品的视觉表现力。例如，在拍摄一部科幻短片时，可灵 AI 或即梦 AI 可以生成宇宙场景、未来科技设备等特效画面，使作品更具科幻感和吸引力。同时，这些工具还可以对拍摄的画面进行优化处理，提升画面质量。

**（3）后期制作：剪映完善作品细节**

在后期制作阶段，剪映作为后期专家，对所有素材进行整合和完善。创作者将拍摄好的视频片段和生成的特效画面导入剪映中，按照脚本和叙事逻辑进行剪辑和拼接。剪映提供了丰富的剪辑功能和特效选项，让创作者能够对视频进行细致的调整，使作品在节奏、视觉效果和叙事连贯性上达到最佳状态。通过剪映的处理，最终输出的短视频作品更加专业和精致，能够更好地吸引观众的注意力并传达创作者的意图。

通过以上分工与协同作用，DeepSeek、可灵 AI、即梦 AI 这三款 AI 工具以及剪映共同推动了短视频创作的全过程。了解它们各自的优势和在工作流中的定位，能够让我们在使用这些工具时更加得心应手，各创作阶段所需主导工具、协同工具及其关键任务见表 1-2。

表 1-2 各创作阶段所需主导工具、协同工具及其关键任务

| 创作阶段 | 主导工具 | 协同工具 | 关键任务 |
|---|---|---|---|
| 前期策划 | DeepSeek | 可灵 AI/ 即梦 AI | 创意构思、脚本撰写、资源准备 |
| 中期拍摄 | 可灵 AI/ 即梦 AI | DeepSeek | 特效制作、画面拍摄、画面优化 |
| 后期制作 | 剪映 | DeepSeek | 素材整合、剪辑调整、成品输出 |

第 2 章

# 与 AI 对话的艺术——从指令输入到创意落地的实战指南

## 2.1 用 DeepSeek 高效创作视频的实战指南

DeepSeek 是一款功能强大的人工智能工具，能够高效处理和理解海量数据，精准地对复杂指令进行解读和执行。它在文本生成、文本编辑、对话交互等多个领域都有着出色的表现，为不同行业的用户提供了专业的支持和帮助。

### （1）DeepSeek 的强大功能

DeepSeek 能够在极短的时间内对海量的数据进行分析和处理，无论是文本、图像还是其他类型的数据，都能快速地给出处理结果。对于复杂的指令和问题，DeepSeek 能够精准地理解用户的需求，并按照要求进行操作，准确地输出符合用户期望的结果。适用于多个领域，如文本生成、文本编辑、对话交互等，能够为不同行业的用户提供专业的支持和帮助。

### （2）如何使用 DeepSeek

使用 DeepSeek 非常简单，以下是基本的使用步骤，以生成宇宙科幻视频脚本为例：

① 文本生成：明确需求，确定要生成文本的主题、风格、字数等要求。例如，生成一个以未来世界为背景，人工智能与人类共同探索宇宙的科幻短片脚本，包括场景描述、角色对白和动作设计。

在 DeepSeek 的界面中输入相应的指令。点击“生成”按钮，DeepSeek 会根据指令快速生成相应的文本内容。

对生成的文本进行检查和修改，确保其符合要求。

② 文本编辑：准备好需要编辑的文本，明确编辑的目标，如润色、风格转换、纠错等。

将文本输入到 DeepSeek 中，并给出具体的编辑指令，例如：“请对以下这段科幻短片脚本进行润色，使其对话更加自然，场景描写更具画面感。”

DeepSeek 会根据指令对文本进行编辑，并输出修改后的版本。

对比原文和修改后的文本，进行进一步的调整和完善。

③ 对话交互：开启对话模式，明确对话的主题和目的。

输入问题或话题，例如“在这个科幻短片中，如何更好地展现人工智能的情感？”DeepSeek 会立即给出相应的回答或解释，可以根据回答继续深入提问或展开对话。

在对话过程中，随时可以根据需要调整问题的方向或深度，以获取更全面的信息。

表 2-1 是 DeepSeek 功能及使用方法的总结。

**表 2-1 DeepSeek 功能及使用方法的总结**

| 功能模块 | 应用场景及示例 |
|---|---|
| 文本生成 | 生成新闻报道、故事、脚本等。例如：生成科幻短片脚本 |
| 文本编辑 | 对文本进行润色、风格转换、纠错等。例如：对脚本进行润色提升质量 |
| 对话交互 | 进行问答、讨论、获取建议等。例如：探讨如何展现人工智能情感 |

## 2.2 可灵 AI 与即梦 AI 提示词使用技巧

即梦 AI 和可灵 AI 是两款功能相近的 AI 生图和生视频工具，类似于 Stable Diffusion

和 Midjourney，它们都通过提示词（描述词）来控制生成内容，以下是一些使用提示词的技巧。

**（1）提示词的基本原则**

① 简洁性：尽量保持提示词简洁明了，避免冗长和复杂，这样 AI 更容易理解和处理。

② 具体性：尽量具体，避免模糊不清地表述，这样可以帮助 AI 更准确地理解我们的需求。

③ 结构性：根据需要，可以采用问题 - 答案、指令 - 执行等结构。

**（2）提示词的组成元素**

在编写提示词时，应包含以下元素：

① 主体：明确视频或图像中的主要表现对象。

② 场景：描述主体所处的环境或背景。

③ 质量：指图像的清晰度、细节程度等。

④ 风格：如现实主义、科幻风格、抽象艺术等。

⑤ 光影：描述光线的来源、强度和阴影效果。

⑥ 氛围：如梦幻、紧张、宁静等氛围。

**（3）提示词的书写顺序**

提示词的书写顺序会影响生成结果，通常可以按照以下顺序：

① 场景图像：图像质量 + 风格 + 镜头效果 + 光照效果 + 主题。

② 人物图像：人物与对象 + 动作 + 服装 + 饰品 + 道具。

**（4）使用即梦 AI 和可灵 AI 的技巧**

① 图文结合优化：通过图片反推提示词或文字描述补充细节，可增强 AI 对画面的理解。分镜头设计与动态运镜：通过分镜描述和动态运镜词提升视频流畅度。

② 利用权重语法：在提示词中使用权重语法来强调或弱化某些元素。

**（5）案例：宇宙科幻短片**

① 即梦 AI：提示词示例如下。

> 超大远景拍摄，星光闪烁，宇宙飞船在星云中穿梭，科幻风格，冷色调光影，神秘而庄严的氛围。

如图 2-1 所示是上述提示词生成的短片截图。

图 2-1　飞船

② 可灵 AI：提示词示例如下。

> 特写镜头，宇航员的头盔反射着星空，呼吸面罩上的水汽凝结，紧张的氛围，科幻场景。

如图 2-2 所示是上述提示词生成的短片截图。

图 2-2　宇航员

通过以上技巧和示例，可以更好地利用即梦 AI 和可灵 AI 生成高质量的宇宙科幻短片。在实际操作中，不断尝试和调整提示词，以达到最佳的生成效果。

第 3 章

# 可灵 AI 视觉制作

# 3.1 可灵 AI 图片

## 3.1.1 文生图：支持 DeepSeek 分镜描述词直输

在可灵 AI 的首页，有两处地方可以进入“AI 图片”。一是左边侧边栏，一是中间的快捷按钮，如图 3-1 所示。

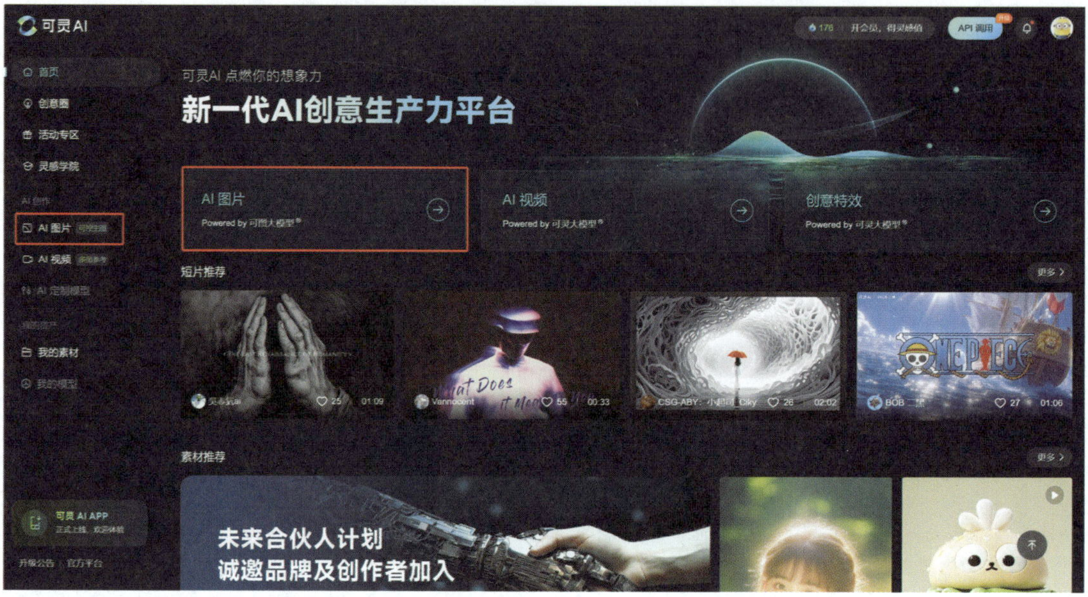


图 3-1　可灵 AI 首页

点击进入以后，跳转到 AI 图片的工作台界面。接下来我们逐一介绍各模块的基础用法，如图 3-2 所示。

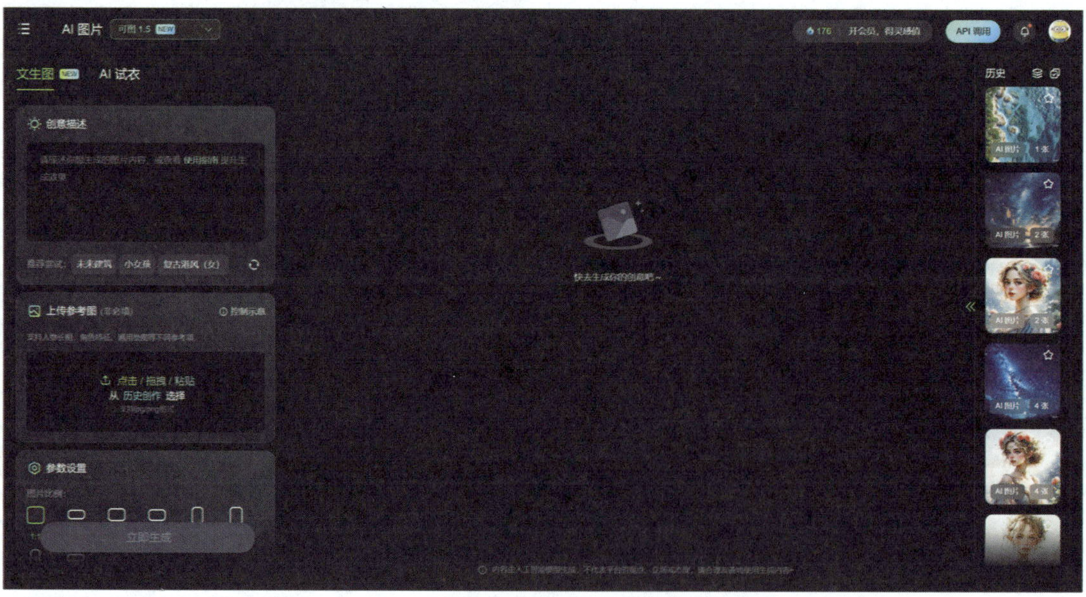


图 3-2　AI 生图工作界面

首先最为重要的是图 3-2 左上角的这个文本输入框，这个部分称为“创意描述”，如图 3-3 所示。我们可以在此输入想要可灵 AI 生成的画面提示词，比如“一个女孩”，它就能生成女孩的模样，但是这样过于笼统。在第 3 章中，将详细介绍如何写提示词可以写得更为详细。

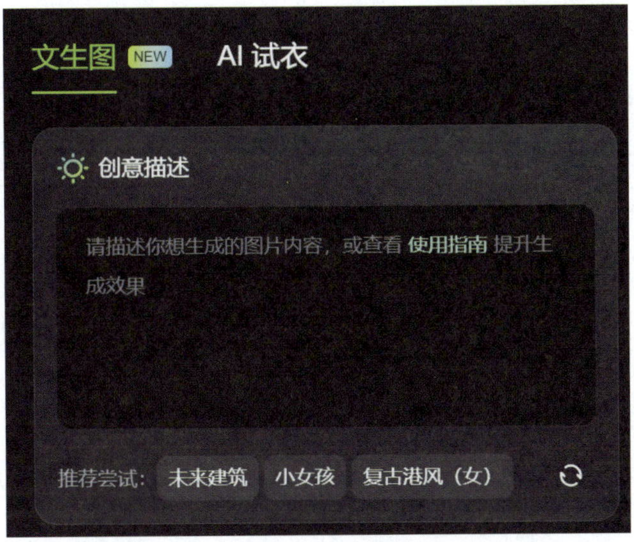


图 3-3　文生图

在之前的基础之上，再补充一个提示词的系统表格——5W1H 原则，如表 3-1 所示，提升写提示词的思路。

提示词即在补充各类细节，我们可以把各类细节信息分门别类。

**表 3-1　提示词 5W1H 原则**

| Who | What | When | Where | Why | How |
|---|---|---|---|---|---|
| 谁 | 长什么样 | 什么时候 | 在哪里 | 为什么 | 画面细节什么样 |

5W1H 的说明及示例如表 3-2 所示。

**表 3-2　5W1H 的说明及示例**

| 元素 | 说明 | 示例 |
|---|---|---|
| Who | 图像的主体，可以是人物、动物、植物、食物、建筑或其他物体 | 1. 人物：医生、舞蹈家、厨师、科学家、消防员……<br>2. 动物：长颈鹿、鹦鹉、北极熊、海豚、蜗牛……<br>3. 植物：樱花树、向日葵、仙人掌、桉树、玫瑰花……<br>4. 食物：意大利面、寿司、草莓蛋糕、烤鸡、冰淇淋……<br>5. 建筑：城堡、摩天大楼、木屋、寺庙、图书馆……<br>6. 其他物体：电吉他、望远镜、热气球、沙漏、古董时钟 |
| What | 对图像中主体进行详细、具体的描述 | 1. 一个穿着白色实验服的科学家，手持试管，专注地观察着实验结果<br>2. 一只五彩斑斓的鹦鹉，站在树枝上，背景是热带雨林<br>3. 一棵高耸入云的红杉树，周围环绕着茂密的树木和清澈的小溪<br>4. 一盘新鲜的寿司拼盘，包括三文鱼、金枪鱼和鳗鱼，搭配一小碗酱油和芥末<br>5. 一座古老的石桥，横跨在清澈的小河上，两岸是茂密的绿树和野花 |

续表

| 元素 | 说明 | 示例 |
|---|---|---|
| When | 图像发生的时间节点 | 1. 具体时间点：正午、傍晚六点、午夜十二点、凌晨三点……<br>2. 时间段：拂晓、清晨、下午、傍晚、夜晚、深夜……<br>3. 历史时间点：文艺复兴时期、工业革命、中世纪、二战期间、唐朝……<br>4. 季节性时间点：初春、盛夏、秋分、初冬、严冬 |
| Where | 主体所在的背景或周围的物理空间，为上下文提供场景和氛围 | 1. 自然环境：山中小溪、热带雨林、沙漠、海滨、高山雪原……<br>2. 城市环境：繁忙的商业区、宁静的郊区、古老的街区、现代化的产业园区、巨大的购物中心……<br>3. 室内环境：温馨的客厅、现代办公间、豪华餐厅、温馨的小卧室、古典图书馆……<br>4. 特殊环境：激烈的战场、古代宫殿、未来科技都市、魔法森林、西部牛仔小镇 |
| Why | 主体为什么出现在画面中，正在做什么 | 1. 具体动作：阅读书籍、弹钢琴、绘画、喝咖啡、修理自行车……<br>2. 互动行为：与朋友交谈、喂养宠物、跳舞、合奏音乐、打电话……<br>3. 情感表现：微笑着看向远方、皱眉思考、大笑、流泪、惊讶……<br>4. 持续活动：在公园里跑步、露营、野餐、钓鱼、骑自行车 |
| How | 对图像中具体元素和视觉效果进行详细、具体的描述 | 1. 构图：黄金比例构图、对角线构图、三角形构图……<br>2. 视角：鸟瞰、仰视、平视……<br>3. 艺术流派：印象派、现实主义、立体主义、超现实主义、赛博朋克……<br>4. 色调：冷色调、暖色调、高饱和度色调、低饱和度色调……<br>5. 光影效果：柔和光线、强烈阴影、晨光、夕阳余晖……<br>6. 质感：光滑、粗糙、绒毛、丝绸般光滑……<br>7. 细节元素：装饰物、背景元素、精致的花纹 |

下面，在创意描述中输入“一个女孩”，点击“立即生成”按钮，如图 3-4 所示。

默认情况下，可灵 AI 生图会一次性生成四张备选方案，等待图片生成界面，如图 3-5 所示。

图 3-4　输入创意描述

图 3-5　等待图片生成

“一个女孩”就生成了，如图 3-6 所示。

图 3-6　多张备选方案

鼠标悬浮在一张图上，即可出现工具按钮，点击右上方的下载按钮，即可保存图片，如图 3-7 所示。

点击图片，即可预览大图效果，图片下方会有完整的功能按钮，如图 3-8 所示。

下载后的图片效果如图 3-9 所示。

图 3-7　下载图片

图 3-8　完整功能按钮

图 3-9　图片效果

可灵 AI 生图有一个非常人性化的便捷设计，点击下方的推荐提示词，就可以一键生成一个非常详细的画面描述，如图 3-10 所示。

生成结果很符合提示词中的描述，如图 3-11 所示。

点击“换一换”按钮，系统可以重新挑选一个随机的提示词，如图 3-12 所示。

点击系统推荐的“肯豆写真（女）”，提示词预设如图 3-13 所示。

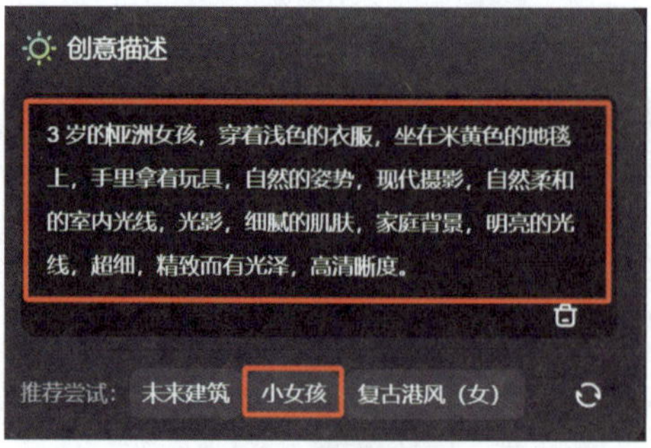


图 3-10　提示词

图 3-11　生成结果（1）

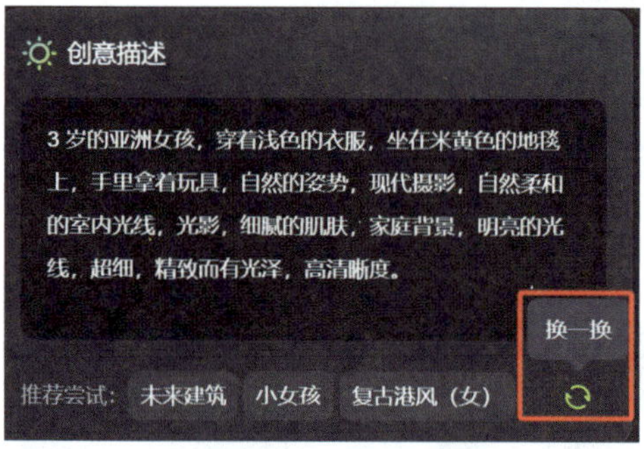


图 3-12　随机更换提示词

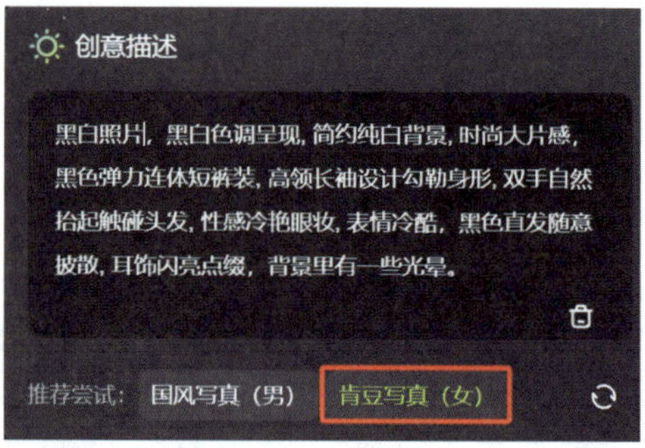


图 3-13　提示词预设

生成效果如图 3-14 所示，基本符合文本描述的内容。

图 3-14　生成结果（2）

我们让可灵 AI 生成一张“未来建筑”，选择提示词如图 3-15 所示。

得到图 3-16 所示的画面。

值得注意的是“立即生成”按钮的右侧会标明灵感值，每个用户的灵感值是有限的，每次 AI 生成内容会根据难度和效果消耗不同的灵感值，如图 3-17 所示。

工作台界面的右上方，会显示用户当前所拥有的灵感值，如图 3-18 所示。

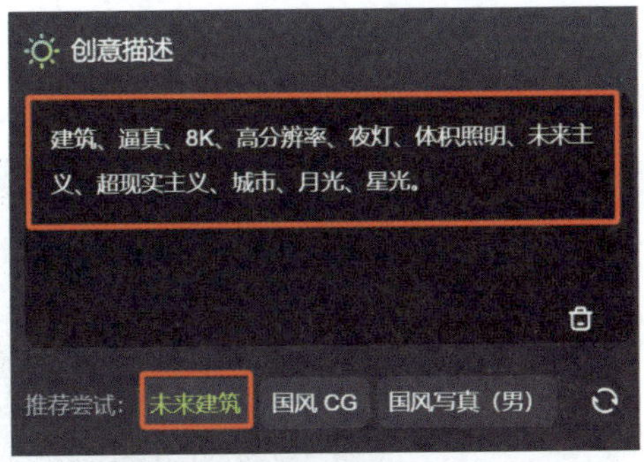


图 3-15　选择提示词

图 3-16　生成结果（3）

图 3-17　灵感值显示

图 3-18　当前拥有灵感值

点击灵感值以后，会跳转到灵感值的明细页面，里面记录了消耗与增长灵感值的每一个动作，如图 3-19 所示。

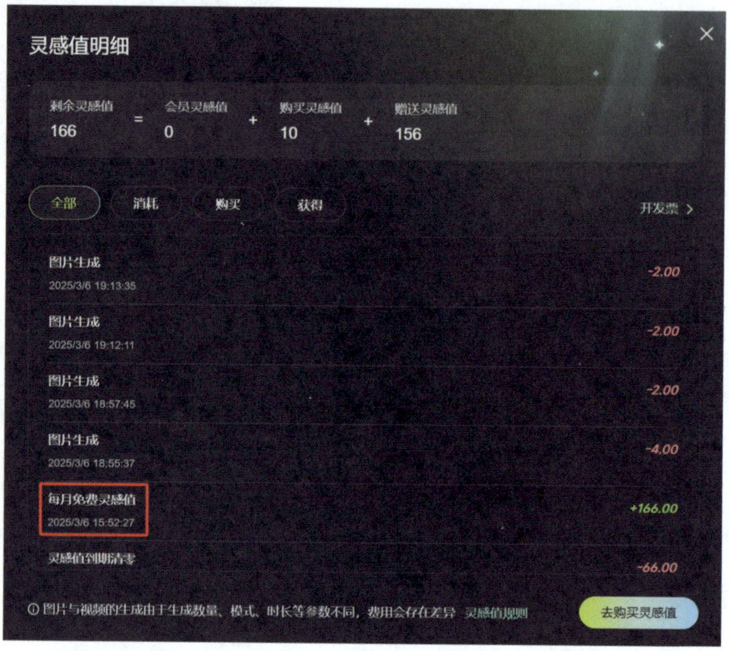


图 3-19　灵感值明细

可灵 AI 生图用的是自研的模型，我们可以在左上角切换模型的版本，默认是当前最新的版本，如图 3-20 所示。

点击切换模型以后会有历史模型以及对应的介绍，如图 3-21 所示。

在图 3-2 左下方会有一个参数设置，是关于图片的比例和生成图片的数量设置，如图 3-22 所示。

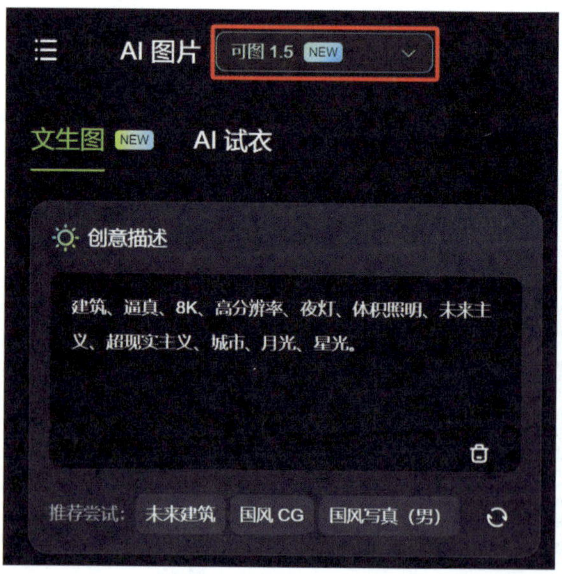


图 3-20　切换模型

我们将图片比例设置为 4 ： 3，生成数量设置为 1，生成一张图片来进行测试，如图 3-23 所示。

可灵 AI 生成了一张 4 ： 3 的图片，如图 3-24 所示。

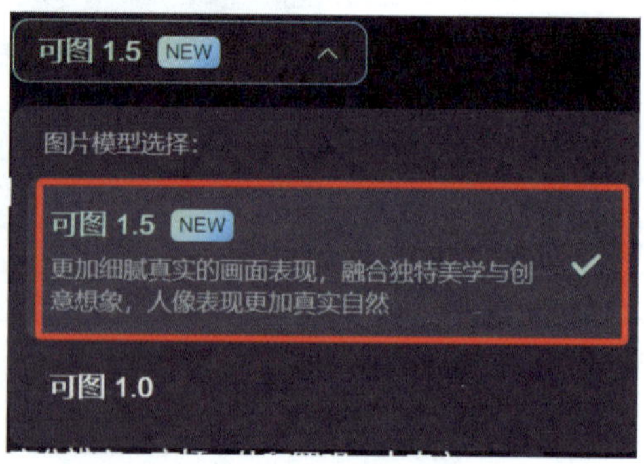


图 3-21　历史模型及介绍

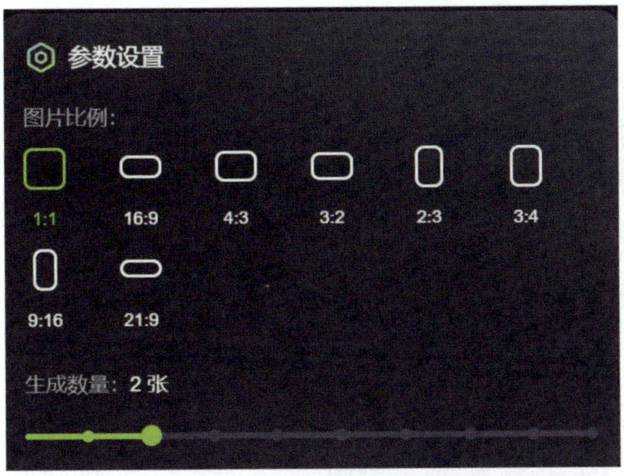


图 3-22　参数设置

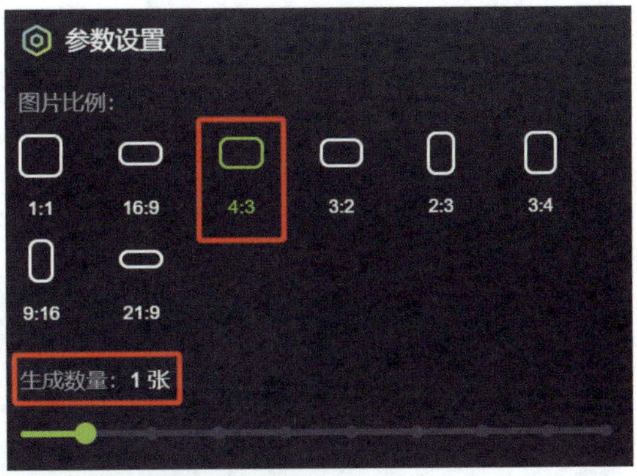


图 3-23　图片比例与数量

图 3-24　4 : 3 图片

生成的图片都在右侧的历史记录中，如图 3-25 所示。

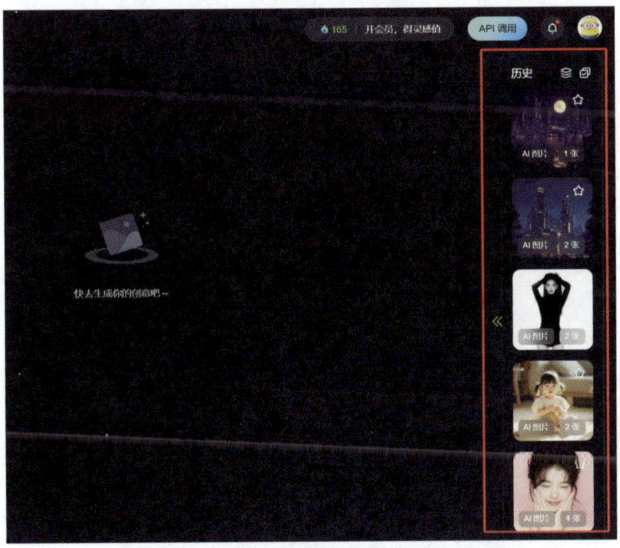


图 3-25　历史记录

点击展开按钮，可以展开历史记录，如图3-26所示。

默认状态下历史记录是“层级视图”的显示方式，即每一次提示词生图的内容，只会显示一张图片，如图3-27所示。

切换到“平铺视图”模式以后，每张图片都会被显示出来，如图3-28所示。

可以多选不同的图片，进行收藏、下载、删除等批量操作，如图3-29所示。

图3-26　展开历史记录

图3-27　历史记录层级视图

图 3-28　历史记录平铺视图

图 3-29　批量操作

点击左上角的“菜单”按钮，可以返回到首页，如图 3-30 所示。

### 3.1.2　创意圈：从优秀作品中获取灵感

本小节将讲解一个获取灵感的快捷方式——创意圈，在这里，我们不仅能够欣赏其他用户分享的优秀作品，还能直接使用他们的提示词、参数，一键生成同款大作。在首页中，点击“创意圈”，如图 3-31 所示。

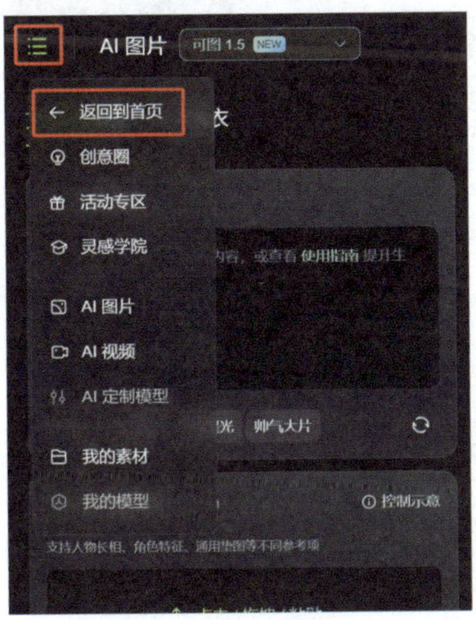


图 3-30　返回首页

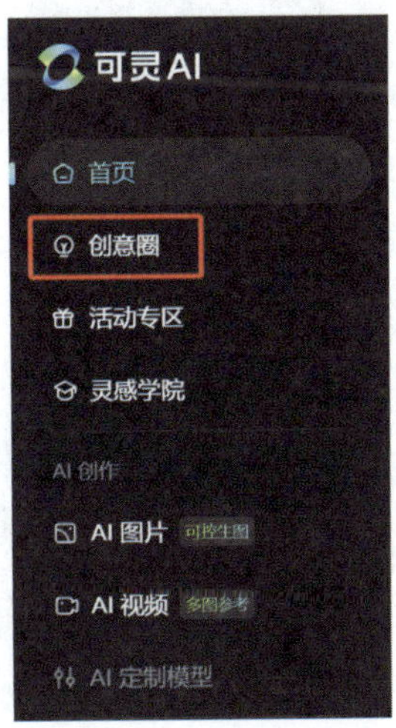


图 3-31　创意圈入口

创意图展示其他作者分享的优秀作品，有图片以及视频，如图 3-32 所示。

图 3-32　创意圈

将鼠标悬浮在一个视频上可以预览视频画面效果，如图 3-33 所示。

图 3-33　预览作品

同时，下方也会出现“一键同款”按钮，点击以后，可以制作同款效果的视频，如图 3-34 所示。

图 3-34　“一键同款”按钮

点击视频画面，可以预览到更多视频相关的信息，比如作者信息、相关评论等，如图 3-35 所示。

点击“一键同款”按钮以后，系统会跳转到“图生视频”的页面，并且填充好了所有的参数，只需要点击“立即生成”按钮即可。由于这是图生视频的内容，我们后文会详细介绍，如图 3-36 所示。

图 3-35　作品详情

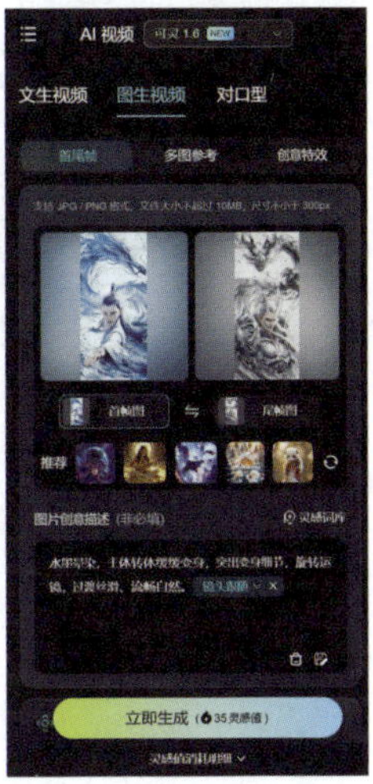


图 3-36　“图生视频”页面

接下来介绍一键生成图片，点击“一键同款”按钮，如图 3-37 所示。

图 3-37　点击“一键同款”

填充好“创意描述”，如图 3-38 所示。

此时生成了一张类似的图像，如图 3-39 所示。

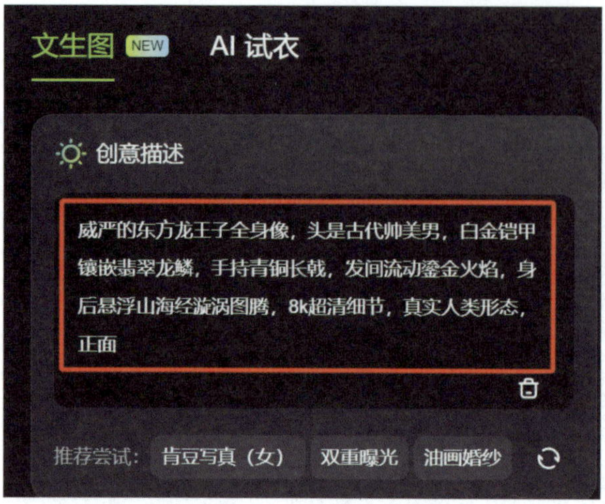


图 3-38 填充好“创意描述”

图 3-39 生成结果

### 3.1.3 DeepSeek 辅助 AI 生图

我们可以借助 DeepSeek 填写提示词（创意描述），如图 3-40 所示。可以在 DeepSeek 的文本框中输入：“我想用可灵 AI 生成一个梦幻的童年世界。你能帮我写提示词吗？”

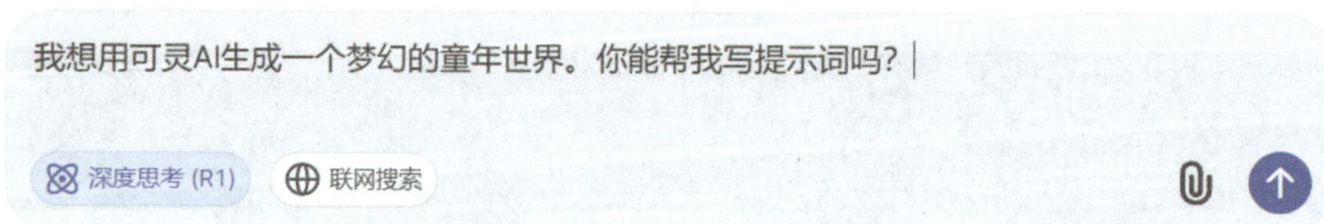


图 3-40 借助 DeepSeek 填写提示词

DeepSeek 给了我们一个基础版本的提示词，如图 3-41 所示。

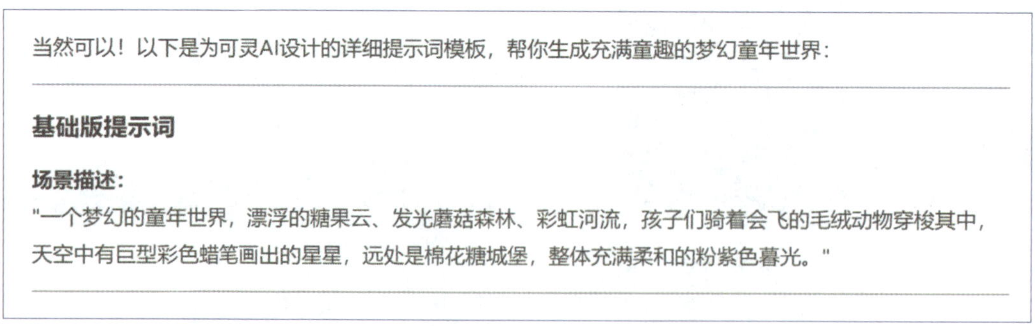

当然可以！以下是为可灵AI设计的详细提示词模板，帮你生成充满童趣的梦幻童年世界：

**基础版提示词**

**场景描述：**

"一个梦幻的童年世界，漂浮的糖果云、发光蘑菇森林、彩虹河流，孩子们骑着会飞的毛绒动物穿梭其中，天空中有巨型彩色蜡笔画出的星星，远处是棉花糖城堡，整体充满柔和的粉紫色暮光。"

图 3-41 DeepSeek 生成基础版提示词

将其复制到可灵 AI 文生图之中，如图 3-42 所示。

可灵 AI 根据提示词生成了梦幻的童年世界的图片，如图 3-43 所示。

除了基础版本提示词，还有进阶版本，内容会更为详细，如图 3-44 所示。该提示词结构也更为复杂，包含核心氛围、场景元素、动态细节、光影调色、风格参考。

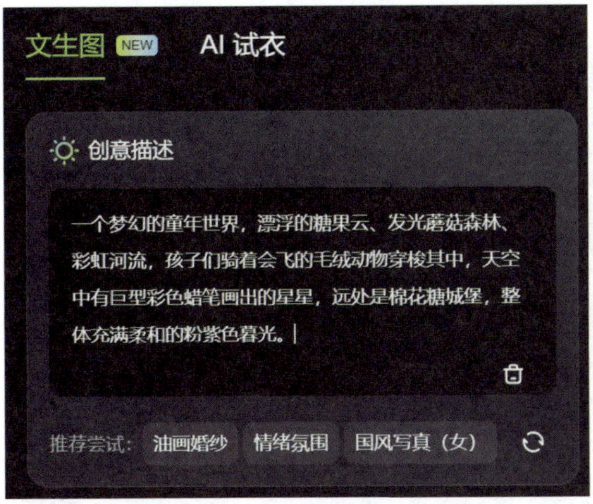


图 3-42　将提示词复制到可灵 AI 中

图 3-43　生成结果（1）

**进阶版提示词（包含细节分层）**

**1. 核心氛围：**
"吉卜力动画风格，温暖治愈的童年梦境，充满童真想象与温柔魔法"

**2. 场景元素：**

- **远景：** 半透明的泡泡山漂浮在粉蓝色天空，山顶有发光的风车屋
- **中景：** 会跳舞的彩虹树（树叶是渐变玻璃纸），树根缠绕着星星形状的饼干小路
- **近景：** 戴草帽的小女孩赤脚踩过会发光的萤火虫草地，手中牵着用蒲公英绳子绑住的气球船

**3. 动态细节：**

- 云朵像棉花糖一样缓慢融化，滴落草莓味的雨
- 纸飞机自动折叠成小动物形状在空中盘旋
- 溪流中的鹅卵石是半透明果冻，漂浮着会说话的纸船

**4. 光影色调：**
"柔焦滤镜效果，淡金色晨光与淡紫色投影交织，色彩饱和度中等偏高但过渡柔和，阴影处有微弱的星尘光点"

**5. 风格参考：**
"混合宫崎骏《哈尔的移动城堡》的蒸汽朋克元素与《龙猫》的自然灵气，加入少许梵高《星月夜》的笔触质感"

图 3-44　DeepSeek 生成进阶版提示词

将进阶版提示词复制到可灵 AI 文生图之中，如图 3-45 所示。

此时，会得到一张效果同样很好，而且更为具体的图片。大家可以将画面对照之前输入的提示词，看看有哪些元素被很好地表达出来，有哪些内容没有被表现，又有哪些提示词被

错误地表现了出来。AI 虽然非常强大，但目前依然不能完全正确地表达所有提示词中的内容。提示词做到的是约束和规范画面内容。目前，并不能做到完全遵循提示词里的内容生成图片，如图 3-46 所示。

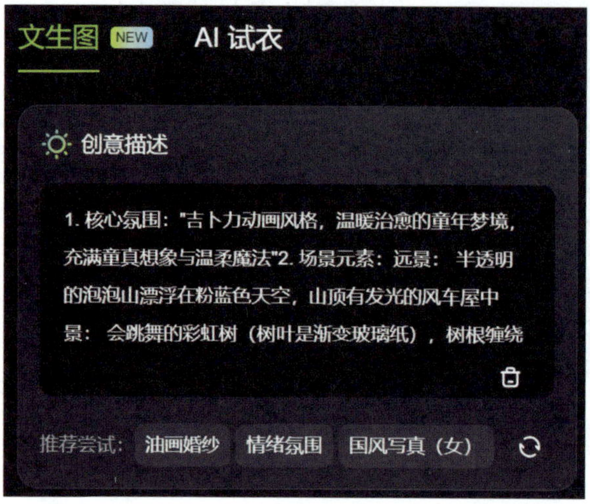


图 3-45　将进阶提示词复制到可灵 AI 中

图 3-46　生成结果（2）

在 DeepSeek 回答的最后，温馨地给出一些可以自由替换、补充的模块，用于灵活修改之前的结构化提示词，如图 3-47 所示。还给了我们一些特定主题，比如海底童年、太空游乐园等等。

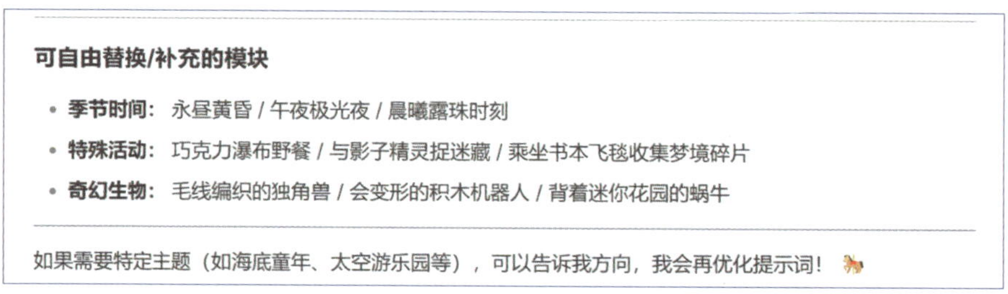


图 3-47　DeepSeek 生成的可自由替换、补充的模块

我们沿着 DeepSeek 提到的继续追问："你提到了'海底童年'，我觉得听起来特别有趣，我幻想中的童年好像没有想过这个场景，你能写一个提示词吗？我想看看最终可灵 AI 会怎么表现这个'海底童年'的。"如图 3-48 所示。

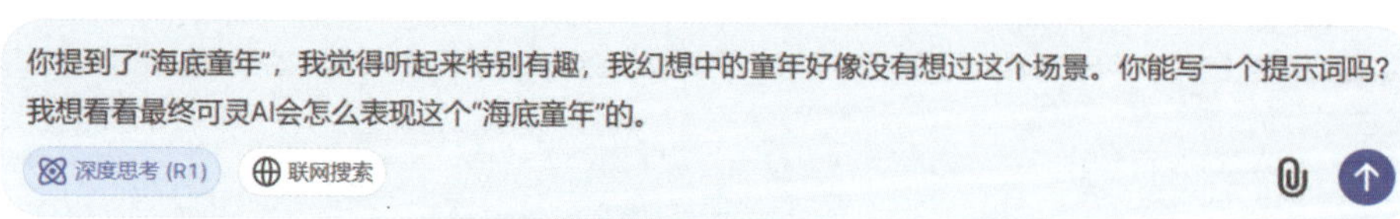


图 3-48　继续追问 DeepSeek

DeepSeek 生成基础版提示词（海底童年），如图 3-49 所示。

将提示词复制到可灵 AI 中，如图 3-50 所示。

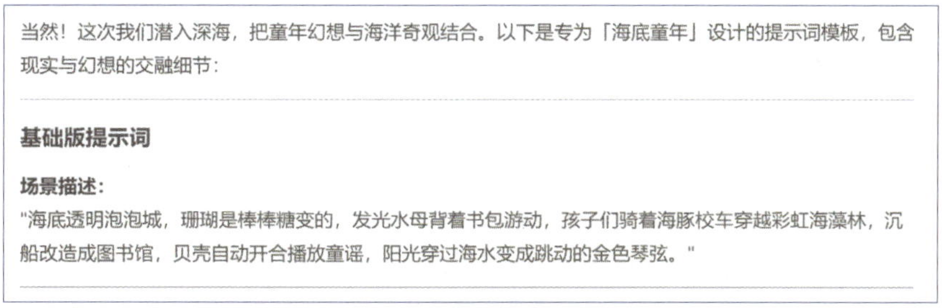

当然！这次我们潜入深海，把童年幻想与海洋奇观结合。以下是专为「海底童年」设计的提示词模板，包含现实与幻想的交融细节：

**基础版提示词**

**场景描述：**

"海底透明泡泡城，珊瑚是棒棒糖变的，发光水母背着书包游动，孩子们骑着海豚校车穿越彩虹海藻林，沉船改造成图书馆，贝壳自动开合播放童谣，阳光穿过海水变成跳动的金色琴弦。"

图 3-49　DeepSeek 生成基础版提示词（海底童年）

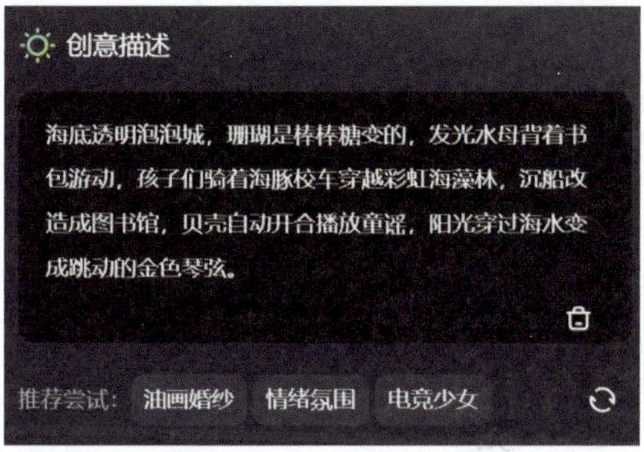


图 3-50　将提示词（海底童年）复制到可灵 AI 中

很快，一个“海底童年”世界就被可灵 AI 构建了出来，如图 3-51 所示。下面，我们再来尝试这个“进阶版”的海底童年，如图 3-52 所示。

图 3-51　生成结果（3）

**沉浸式分层提示词（带矛盾张力）**

**1. 世界观冲突：**

"深海压抑感与童年无忧无虑的反差美学——用童话元素重构海底的黑暗与重量"

**2. 核心场景：**

- **建筑群：** 沉没的旋转木马珊瑚礁（铁架生锈却缠绕着荧光海葵）
- **交通工具：** 用鲸鱼换牙期脱落的旧牙齿拼成的潜水艇，舷窗是吹泡泡的鱼嘴
- **教育场所：** 章鱼用触须同时写八块黑板，教授《潮汐数学》与《珍珠哲学》

**3. 超现实细节：**

- 孩子们在巨型砗磲贝里午睡，呼出的气泡会变成迷你水母闹钟
- 过期罐头长出机械鱼尾，组成海底垃圾回收芭蕾舞团
- 每滴眼泪都会凝结成玻璃珠，串成预警危险的水晶风铃

**4. 光影策略：**

"顶光模拟60米深海的蓝绿色压抑感，但所有人造物自带暖黄生物光，形成冷暖对抗的戏剧性照明"

**5. 隐喻设计：**

- 背着氧气瓶的毛绒玩具（暗示陆地记忆）
- 用防晒霜空瓶改造的水下温室（种陆地花卉）
- 总想浮上海面的叛逆气球被海草死死缠住

图 3-52　DeepSeek 生成进阶版提示词（海底童年）

将这个提示词复制到可灵 AI 之中，如图 3-53 所示。

这是另外的一个海底童年的景象。对照着刚才的提示词，我们可以观察哪些是提示词中提到的元素，如图 3-54 所示。

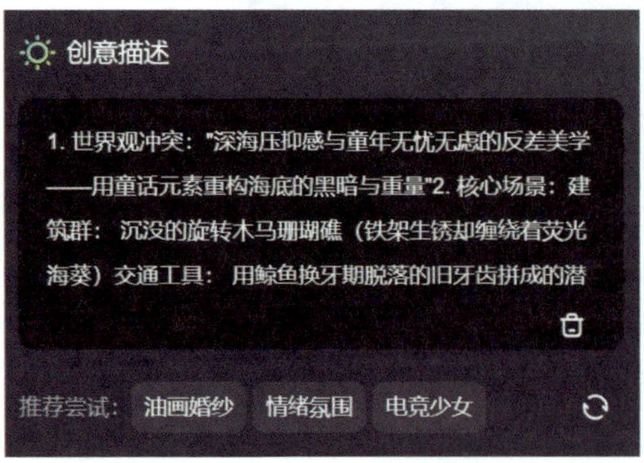


图 3-53　将进阶版提示词（海底童年）复制到可灵 AI 中

图 3-54　生成结果（4）

在 DeepSeek 的回答的最后，还给出了一些隐藏指令，分别是材质转化、时间悖论、危险软化，如图 3-55 所示。

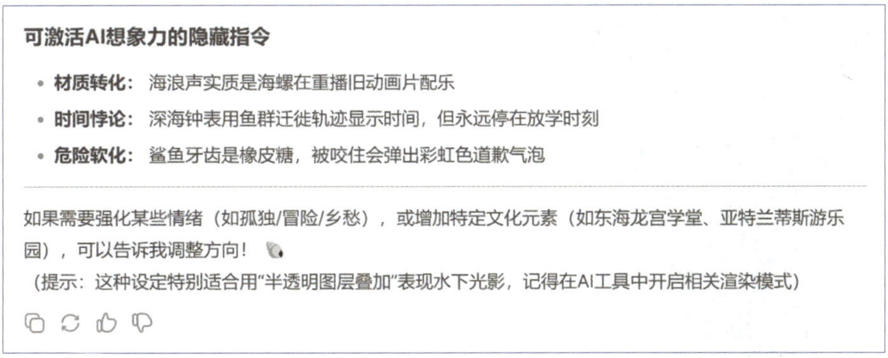


图 3-55　DeepSeek 给出隐藏指令

### 3.1.4　图生图：基于图像创建图像

有时候直接输入文字描述可能没法充分表达我们的意图，那么不妨上传一张类似风格的图片给 AI，再辅助文字描述，这样就能更容易得到我们想要的图片效果了。此小节将介绍可灵 AI 的图生图功能。

找到可灵 AI 的文生图区域，可以看到下方的上传参考图区域。这里，我们可以从可灵 AI 的生图历史里面调用之前的图片，也可以在本地上传，如图 3-56 所示。

参考图的控制方式也分很多种，比如"人物长相""角色特征""通用垫图"，如图 3-57 所示。

在这里我们上传一张"肯豆风"的写真图像作为参考图，如图 3-58 所示。

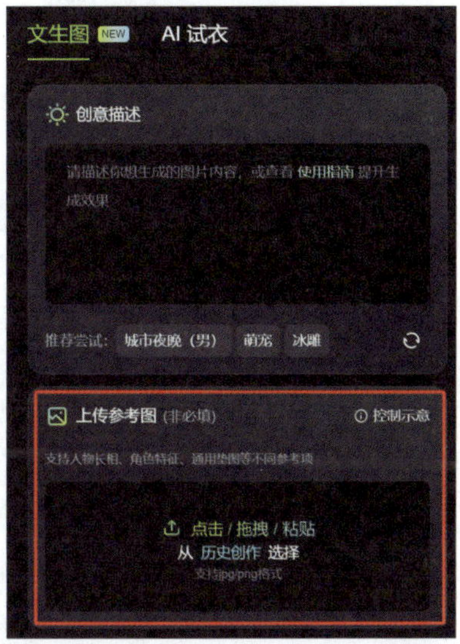


图 3-56　上传参考图

图 3-57　参考图控制方式

图 3-58 参考图

图片上传完成之后，需要我们熟悉参考图功能使用须知，这里涉及一些 AI 技术方面的合法合规性，阅读后选择同意并使用，如图 3-59 所示。

这里图片就上传完成了，如图 3-60 所示。

同时我们需要选择要参考的内容，这里我们选择“角色特征”，如图 3-61 所示。

调整角色特征的相关参数，调整脸部参考值和主体物参考值，如图 3-62 所示。

输入 DeepSeek 生成好的描述词，下方会弹出相关的推荐标签词，选择“超模”，该标签符合我们想要的图像风格，如图 3-63 所示。

于是，一张“肯豆风”的超模写真图像就生成了，如图 3-64 所示。

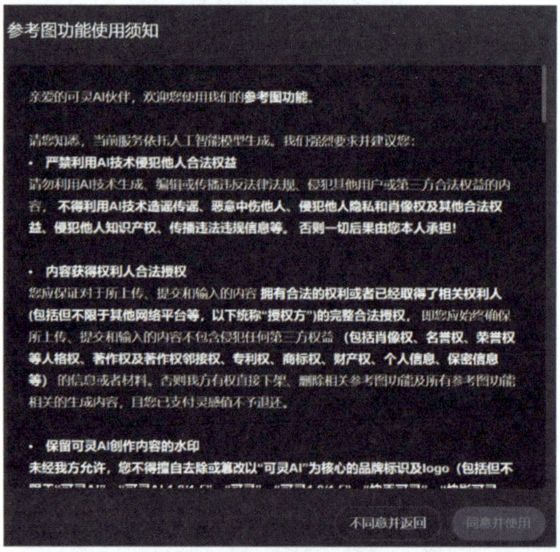


图 3-59 功能使用须知

图 3-60 参考图上传

图 3-61 角色特征

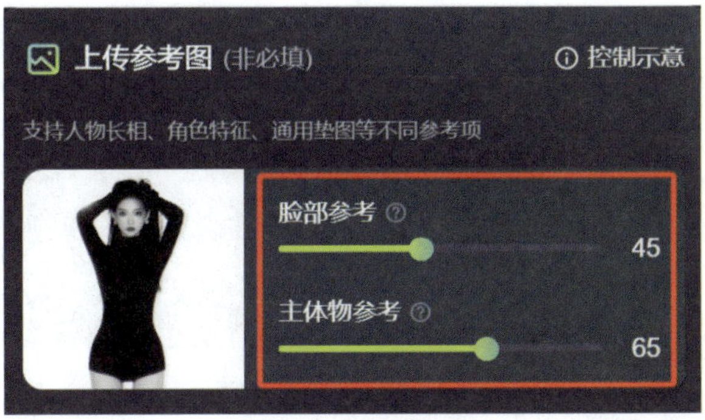


图 3-62　特征参数

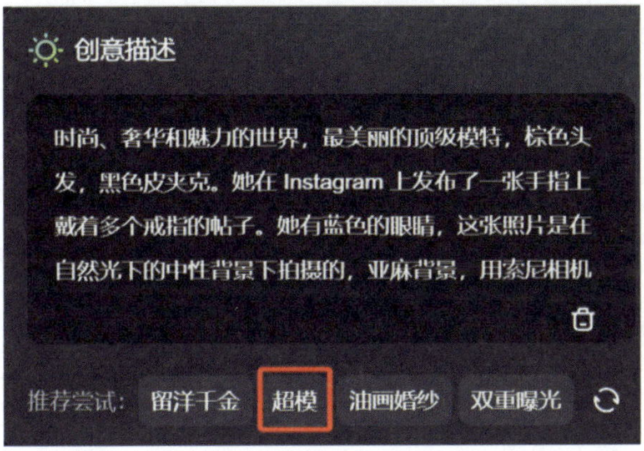


图 3-63　推荐标签

图 3-64　图片生成

如果对这张图不满意，比如我们想要生成一张室外的模特照片，但是却想要保留这张图片的人物特征，可以选择局部控制。选择最左边的画笔图标，如图 3-65 所示。

在这里我们选择人物长相的区域，如图 3-66 所示。

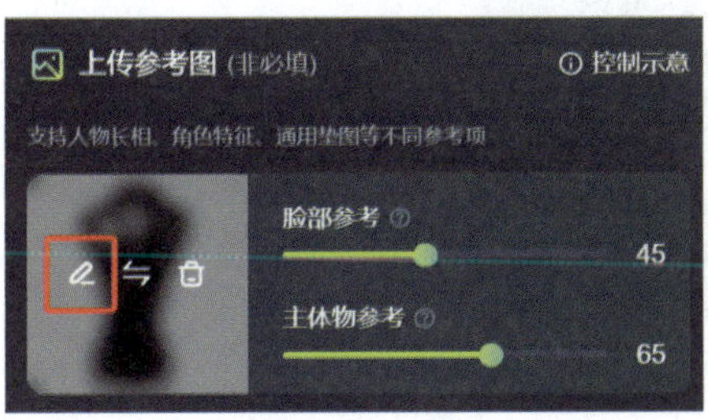


图 3-65　调整

图 3-66　选择人物长相

调整相关参考强度，注意数值越大参考强度越大，如图 3-67 所示。这里我们想要最大限度地保留人物长相，就需要将参考强度调整得更大一点。

再次借助 DeepSeek 生成描述词，输入“帮我写一个可灵 AI 的提示词，我想生成一个室外女模特的图片。”如图 3-68 所示。

DeepSeek 生成了多种场景的不同描述词供我们选择，如图 3-69 所示。

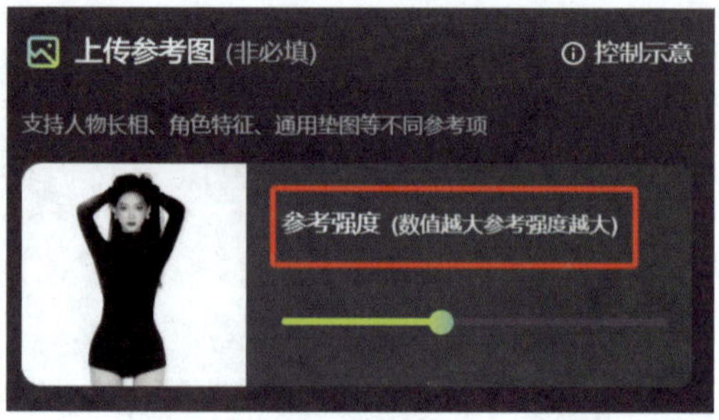


图 3-67　参考强度（1）

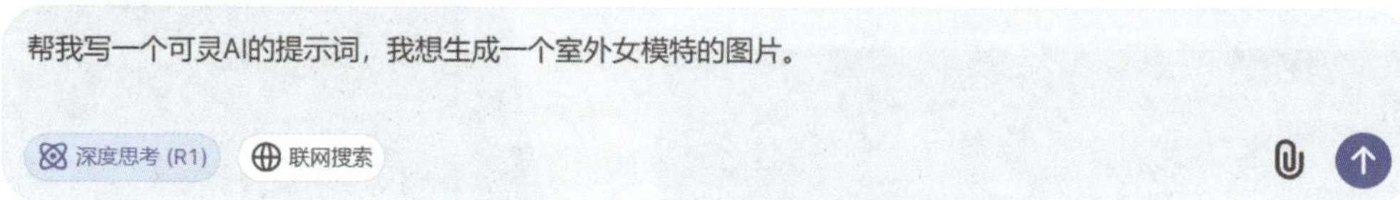


图 3-68　向 DeepSeek 提问

以下是几个可灵AI生成室外女模特图片的提示词，您可以根据自己的需求选择不同的场景和氛围：

1. **花园场景**：在花园中，一位穿着时尚的女模特，长发飘飘，身着一件淡粉色的连衣裙，裙摆随风轻轻摆动，阳光透过树叶洒在她身上，形成斑驳的光影，营造出一种自然、清新的氛围。
2. **海边场景**：在海边，一位身材高挑的女模特，穿着白色的沙滩裙，裙摆随海风飘动，她站在沙滩上，面向大海，阳光洒在她身上，波光粼粼的海面与天空相接，展现出一种自由、浪漫的氛围。
3. **城市街道场景**：在繁华的城市街道上，一位时尚的女模特，穿着黑色的皮夹克和牛仔裤，脚踩高跟靴，走在人群中，周围是高楼大厦和来来往往的行人，展现出一种都市时尚、活力四射的氛围。
4. **公园场景**：在公园里，一位优雅的女模特，穿着绿色的长裙，坐在长椅上，身边是盛开的花朵和绿树，阳光明媚，微风拂动她的头发，营造出一种宁静、美好的氛围。

您可以根据自己的喜好和需求，选择其中一个提示词来生成您想要的室外女模特图片。

图 3-69　DeepSeek 生成多种场景的提示词

选择城市街道场景的描述词，复制到可灵 ai 的描述词输入框中，如图 3-70 所示。

此时就得到了和前面生成的人物长相一致、但是场景切换成了户外的照片，如图 3-71 所示。

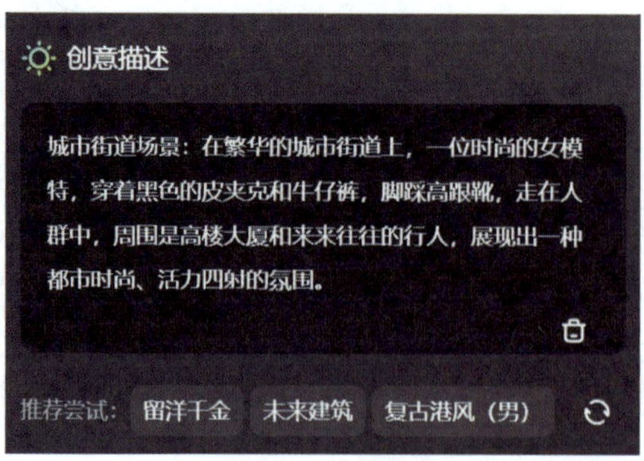


图 3-70　创意描述

接下来介绍可灵 AI 的垫图功能，上传一张梦幻风格的图片，如图 3-72 所示。

上传完参考图后，选择通用垫图，点击确认，如图 3-73 所示。

调整参考强度，如图 3-74 所示。

图 3-71　生成结果（1）

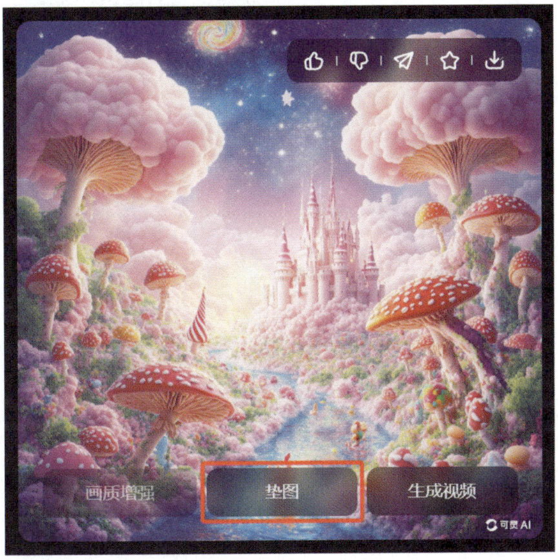


图 3-72　垫图

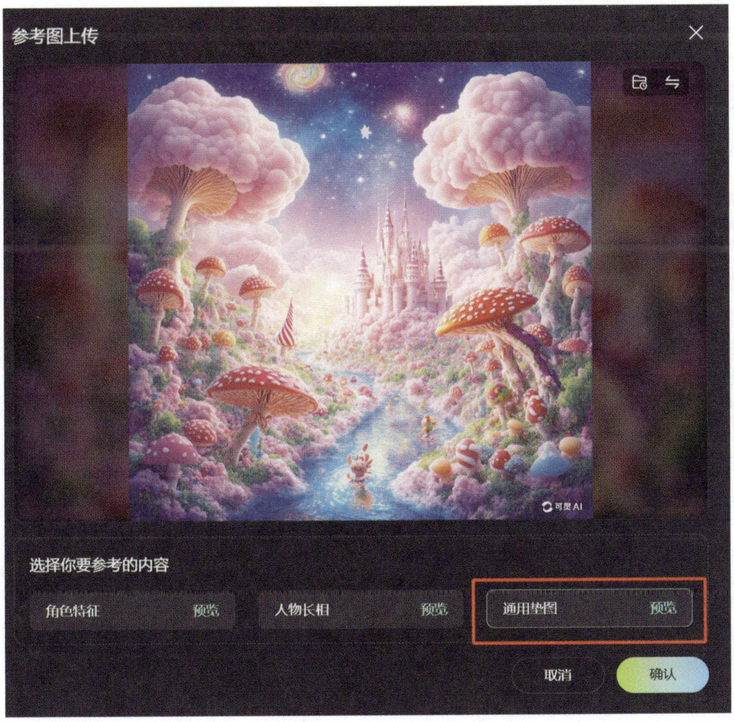


图 3-73　通用垫图

图 3-74　参考强度（2）

再次使用 DeepSeek 生成森林的童话故事场景提示词，风格为水彩，如图 3-75 所示。

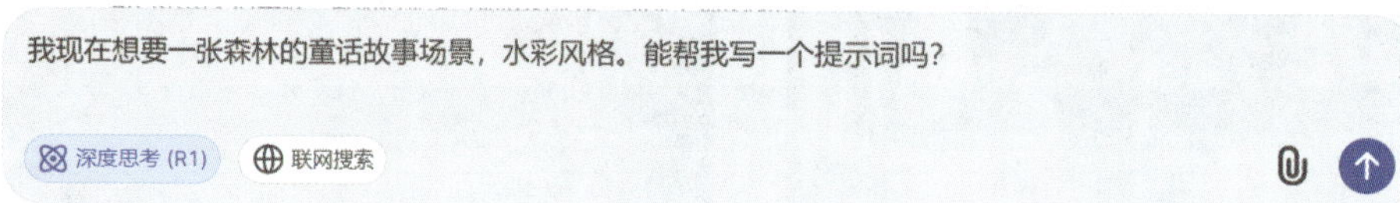


图 3-75　让 DeepSeek 生成提示词

DeepSeek 生成详细的提示词描述如图 3-76 所示。

**提示词**：水彩画风格，梦幻森林，童话场景，奇思妙想的氛围，远处的魔法城堡，巨大的蘑菇，闪烁的小溪，精致的花朵，发光的萤火虫，梦幻的氛围，柔和且丰富的色彩，流畅的笔触，空灵的光影。

图 3-76　DeepSeek 生成提示词

将 DeepSeek 给我们的提示词复制到“创意描述”，如图 3-77 所示。

通过上述操作后既保留了参考图的特征，又切换了图片风格，如图 3-78 所示。

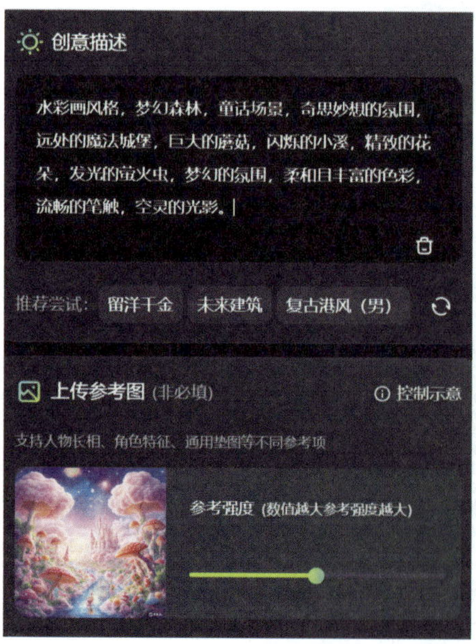


图 3-77　复制提示词

图 3-78　生成结果（2）

如果我们想要一张黄绿色调、油画风格的图片，同时保留参考图的特征，在创意描述中输入“油画风格、颜色黄绿色调”，如图 3-79 所示。

原先的水彩风格图片瞬间变成了油画风格，如图 3-80 所示。

图 3-79　修改风格

图 3-80　生成结果（3）

调低参考的强度，观察变化，如图 3-81 所示。

新生成图片，依然能够找到一些参考图风格的影子，但是与参考图的相似性却低了很多，如图 3-82 所示。

图 3-81　降低参考强度

图 3-82　生成结果（4）

### 3.1.5 AI 试衣间：电商模特动态换装（支持淘宝 / 抖音橱窗尺寸预设）

这一章节我们将详细介绍可灵 AI 试衣功能，找到 AI 图片下方的 AI 试衣。该功能有两个子功能，分别是 AI 模特和 AI 换装。

AI 模特可以选择模特的性别、年龄、肤色、如图 3-83 所示。

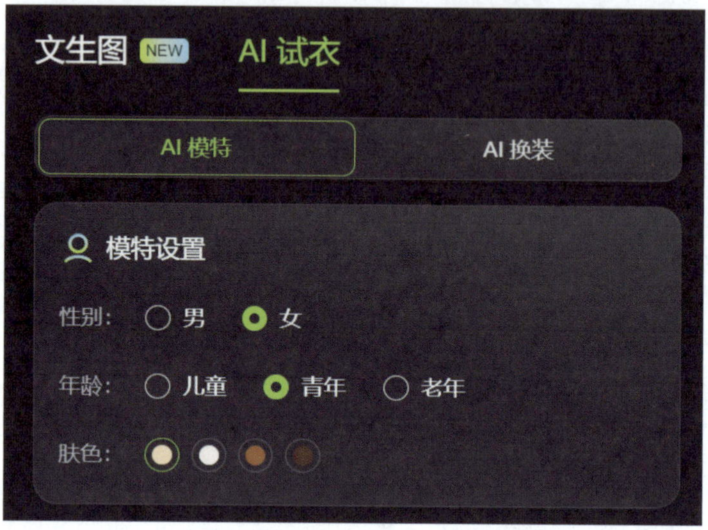


图 3-83 AI 试衣

输入相关的描述词，比如发型、服装、姿势、背景等信息，如图 3-84 所示。

使用 AI 换装的功能，首先需要选择模特。AI 模特有两种选择，我们既可以选择已有的模特，也可以现场生成模特，如图 3-85 所示。

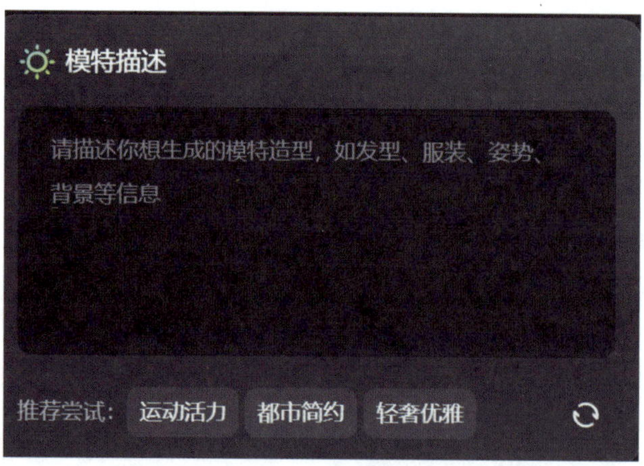


图 3-84 模特描述

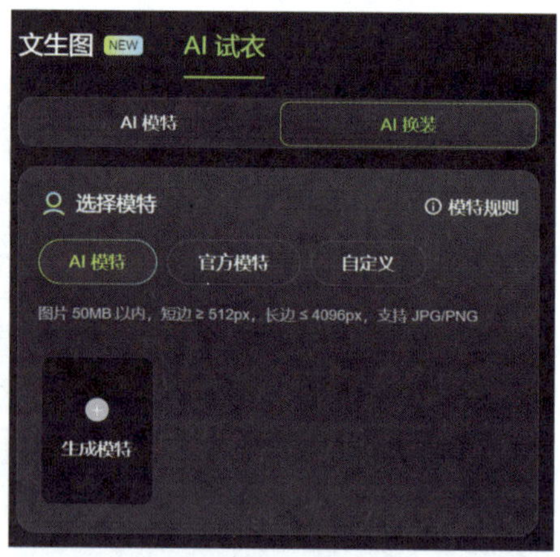


图 3-85 AI 换装

如果想要上传 AI 模特，需要按照以下规则进行上传服装图。比如，我们需要清晰的单人照、保持模特是正面的全身或半身、没有遮挡换衣的区域、姿势简单等等，从而达到最佳的生成效果。同时系统提供一些错误示范供我们参考，比如多人合照、遮挡换衣区域、姿势复杂等因素都不利于 AI 模特的生成，如图 3-86 所示。

图 3-86　参考图规则

当然也可以选择官方模特，这里可灵提供了一些不同风格的模特图片供我们选择，如图 3-87 所示。

除此之外，我们还有第三种选择：自定义模特，如图 3-88 所示。

图 3-87　官方模特

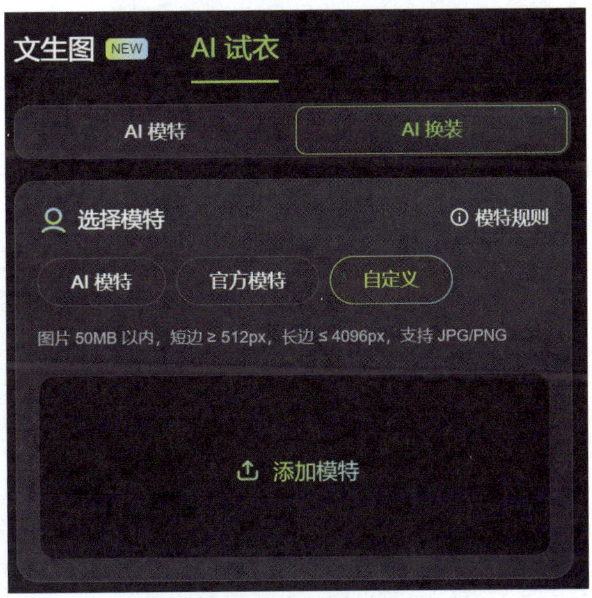


图 3-88　自定义模特

选择好模特后上传服装的图片，如图 3-89 所示。我们既可以上传单件服装，也可以上传多件服装。下方为我们推荐了一些不同款式服装的风格样式供我们尝试。

如果想要上传多件服装，可以选择上传上装或下装，这个功能方便进行不同的服装搭配，如图 3-90 所示。

图 3-89　上身衣服

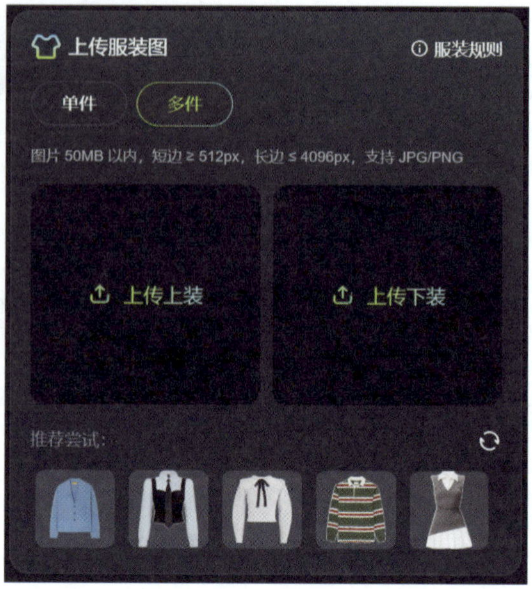


图 3-90　多件衣服

## 3.1.6　AI 模特

接下来介绍 AI 模特的功能。

首先尝试使用默认设置，选择女性、青年、黄色皮肤。此处不输入任何描述词，直接点击立即生成，如图 3-91 所示。

可灵 AI 为我们生成了一个简约的模特形象，如图 3-92 所示。

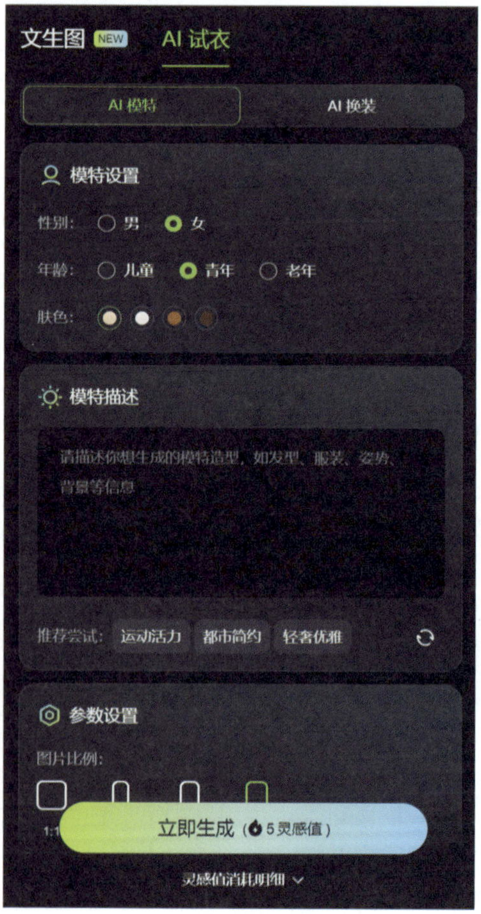


图 3-91　模特属性

图 3-92　模特效果

图 3-93　点击“AI 换装”

下面我们就用这个模特形象进行 AI 换装，如图 3-93 所示。

选择 AI 模特，找到刚刚生成好的模特，如图 3-94 所示。

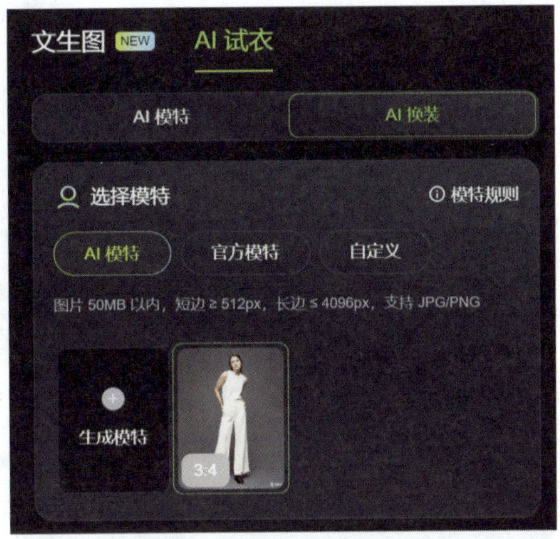


图 3-94　选择“AI 模特”

下一步上传服装的图片进行简单的尝试，选择下方推荐的条纹上衣，如图 3-95 所示。

条纹上衣非常自然地穿在了模特的上身，如图 3-96 所示。

图 3-95　更换衣服

图 3-96　生成结果（1）

当然也可以尝试多件服装，如图 3-97 所示。选择下方系统推荐的牛仔裤，并保留刚刚的条纹上衣。

模特进行 AI 试穿的效果非常自然，如图 3-98 所示。

图 3-97　多件衣服

图 3-98　生成结果（2）

经过前面的默认设置，接下来进行一些更进阶的尝试，生成一个肤色偏白的男性老年模特，相关参数设置如图 3-99 所示。

借助 DeepSeek 生成一个模特的描述词，复制并粘贴到模特描述区域，如图 3-100 所示。

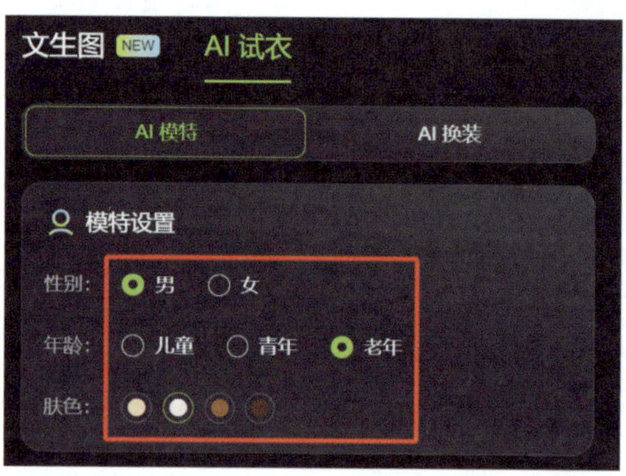


图 3-99　模特设置（1）

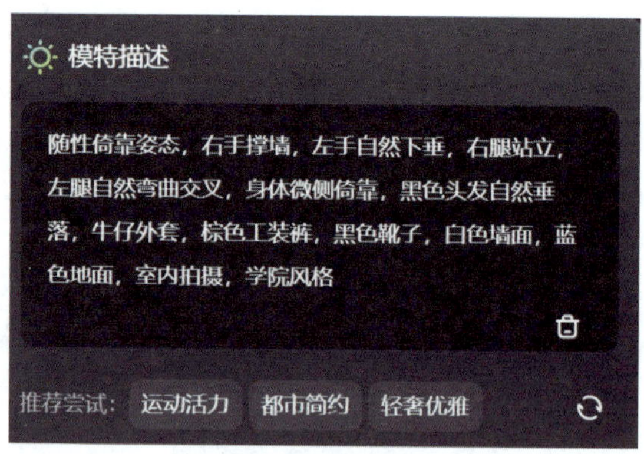


图 3-100　提示词

可灵 AI 很好地理解了我们的描述词，并生成了相应的模特形象，如图 3-101 所示。保留这段模特描述词，切换模特的年龄和肤色，如图 3-102 所示。

图 3-101　生成模特

可灵 AI 保留了刚刚的模特穿衣风格、姿势以及背景等特征，但是改变了模特的年龄和肤色，效果如图 3-103 所示。

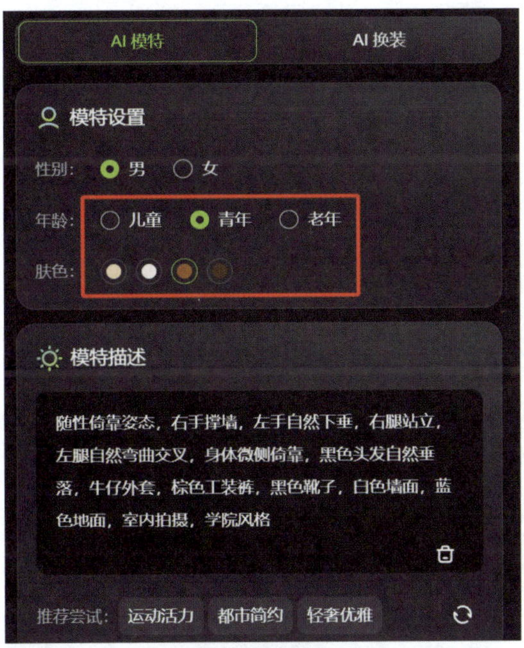


图 3-102　模特设置（2）

图 3-103　生成结果（3）

再次调整参数，生成一个女性、青年、黄色皮肤的模特，如图 3-104 所示。

新生成的图片保留了刚刚的室内拍摄背景，牛仔上衣、棕色工装裤、学院风，姿势保持一致，但是模特的性别和肤色发生了改变，如图 3-105 所示。

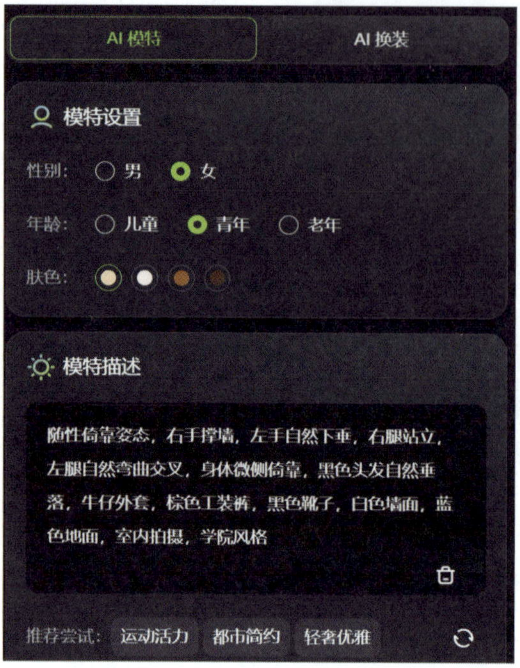


图 3-104 模特设置（3）

图 3-105 生成结果（4）

调整模特的描述词，保持模特的设置不变，借助 DeepSeek 生成一个休闲风格、室外背景的模特描述，并对模特的发色和姿势进行相关调整，如图 3-106 所示。

得到了一张红棕色短发，穿着白色宽松连帽卫衣、短裤，在室外拍摄的模特照片，如图 3-107 所示。

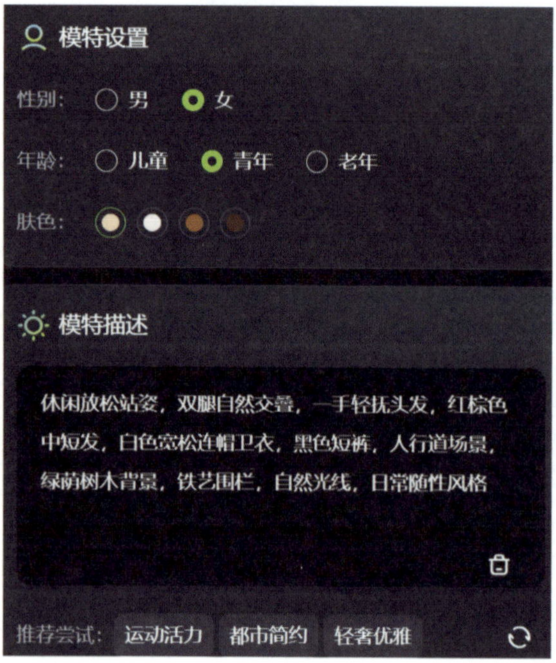


图 3-106 模特设置（4）

图 3-107 生成结果（5）

### 3.1.7　AI 换装

接下来进行 AI 换装的尝试。第一步选择模特，此处我们选择 AI 模特，从历史记录调用我们刚刚生成的模特形象，如图 3-108 所示。

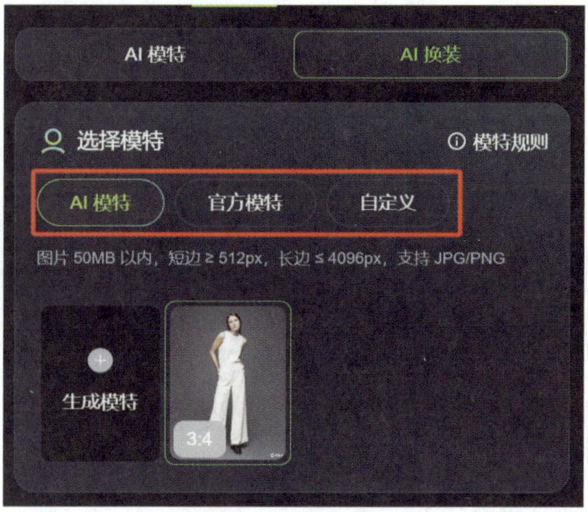


图 3-108　选择模特

同样，也可以选择官方推荐的模特，如图 3-109 所示。

第二步，上传服装图，我们选择下方推荐的浅色蕾丝领口针织衫，如图 3-110 所示。

图 3-109　官方模特

图 3-110　选择服装（1）

这里会再次提示上传服装的规则，最好是白底平铺、单件服装，并且服装细节简单清晰，突出衣服的主体，保持服装的完整，没有遮挡。如果上传多件衣服，或者有一些复杂背景图案印花以及一些额外浮空的文字，则会干扰 AI 对服装的识别，可能会降低生成的图片质量，如图 3-111 所示。

图 3-111　注意事项

点击生成按钮，刚刚那件上衣很自然地就穿在了模特身上，如图 3-112 所示。

图 3-112　生成结果（1）

接下来进行多件服装的尝试，分别上传一张粉色上衣和卡其色长裤，如图 3-113 所示。

这位模特很好地展示了这两件衣服的效果，如图 3-114 所示。

接下来选择官方推荐的另一位模特，保留刚刚的服装图片，如图 3-115 所示。

此时就得到了另一个模特为我们展示相同服装的图片，如图 3-116 所示。

图 3-113　选择服装（2）

图 3-114　生成结果（2）

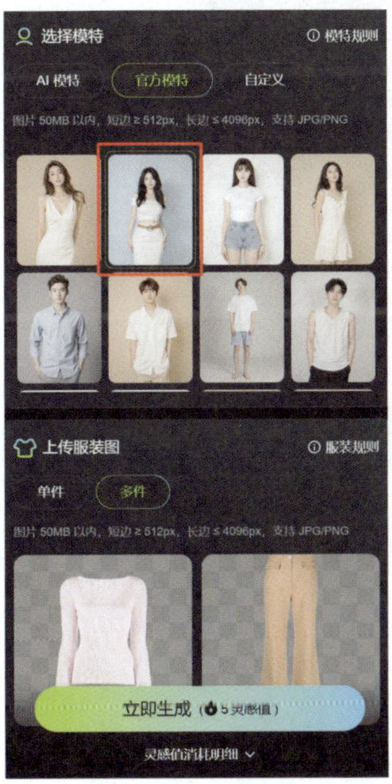


图 3-115　更换模特

图 3-116　生成结果（3）

选择自定义的服装，如图 3-117 所示。

从历史记录调用之前生成好的模特形象，如图 3-118 所示。

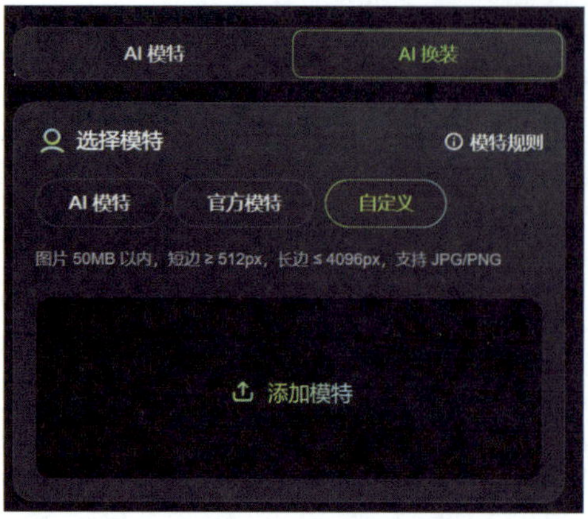


图 3-117　自定义

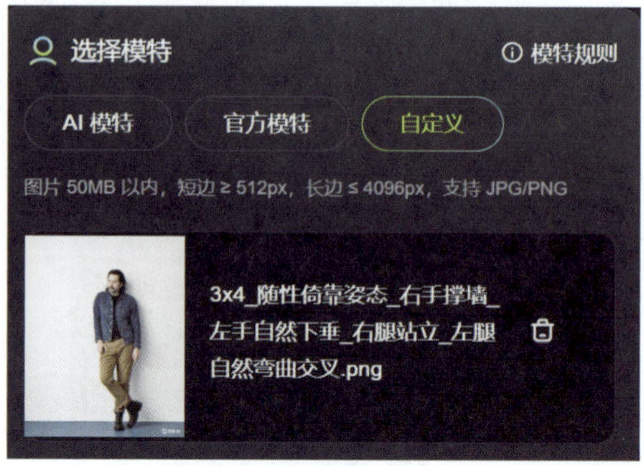


图 3-118　上传参考图

并按照之前了解到的规则，上传一张正面清晰无遮挡的条纹上衣，如图 3-119 所示。

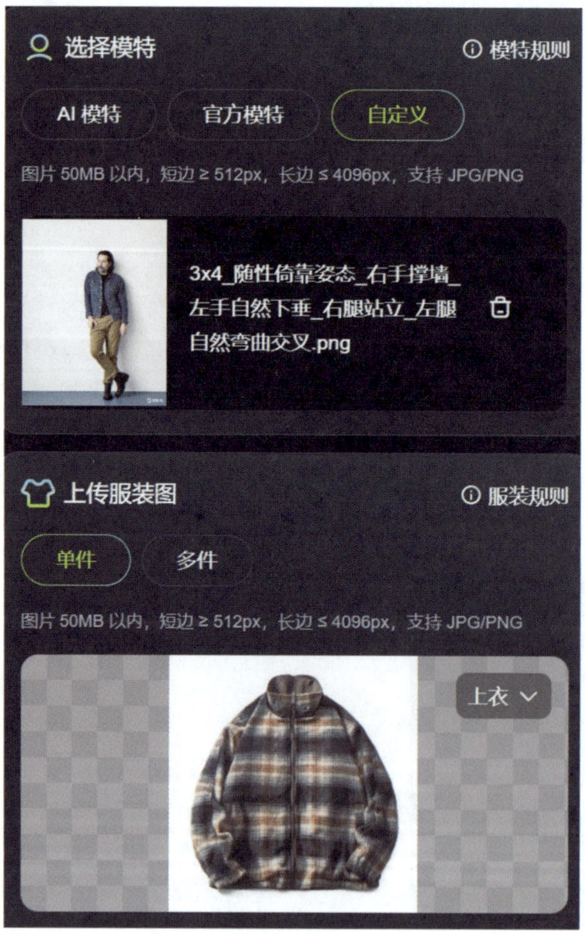


图 3-119　选择服装（3）

这里的服装图片要尽量遵照之前的规范，这样才能够得到更好的图片质量，如图 3-120 所示。

这件上衣非常自然地穿到了这位模特身上，如图 3-121 所示。

图 3-120　高质量图片

图 3-121　生成结果（4）

我们也可以上传一张灰色运动裤与刚刚那件上衣进行搭配，如图 3-122 所示。

图 3-122　挑选服装

同时上传两张服装的图片，如图 3-123 所示。

展示效果如图 3-124 所示。

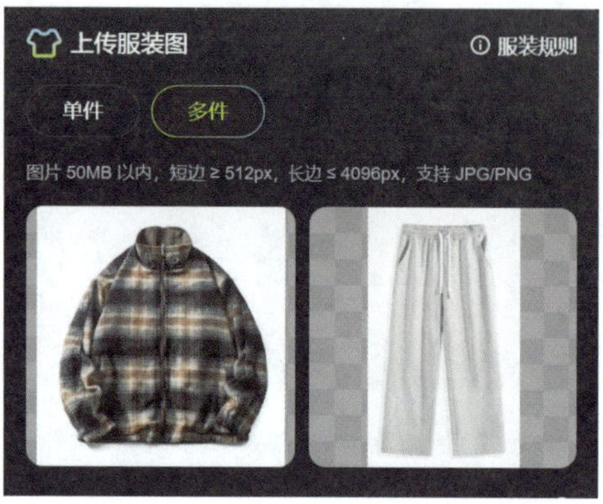


图 3-123　上传两张服装图

图 3-124　生成结果（5）

## 3.2　可灵 AI 视频

介绍完可灵的生图功能，我们继续尝试 AI 视频，让原先静止的图片动起来。

### 3.2.1　文生视频

首先，在可灵 AI 主页找到 AI 视频，如图 3-125 所示。

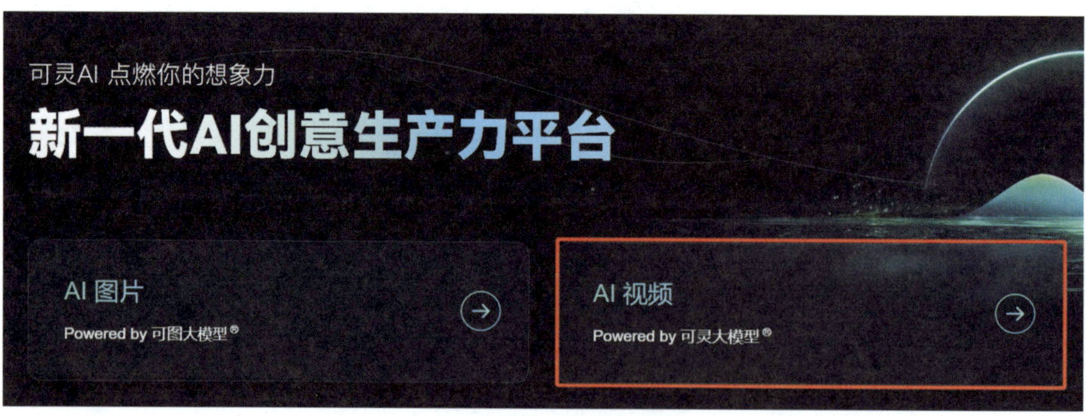


图 3-125　AI 视频

首先介绍文生视频功能，这里指通过输入描述词直接生成视频，如图 3-126 所示。

在 AI 视频的右侧选择可灵的模型。当前可灵自动推荐的 1.6 模型已经是笔者写稿时最新的模型，可灵 1.6 模型的提示词响应大幅度提升，画面更加稳定生动，如图 3-127 所示。

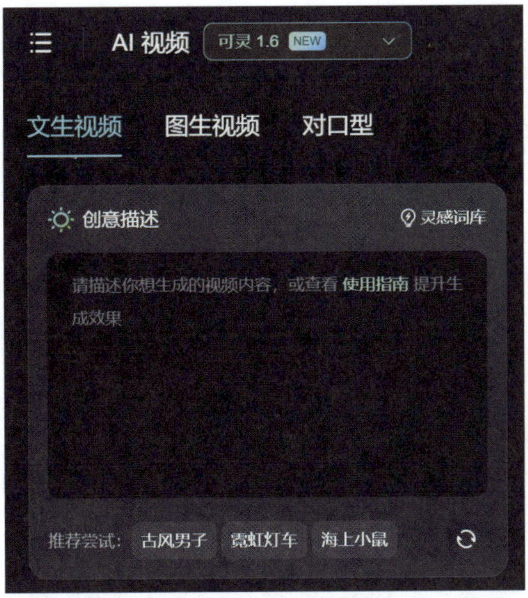


图 3-126　文生视频

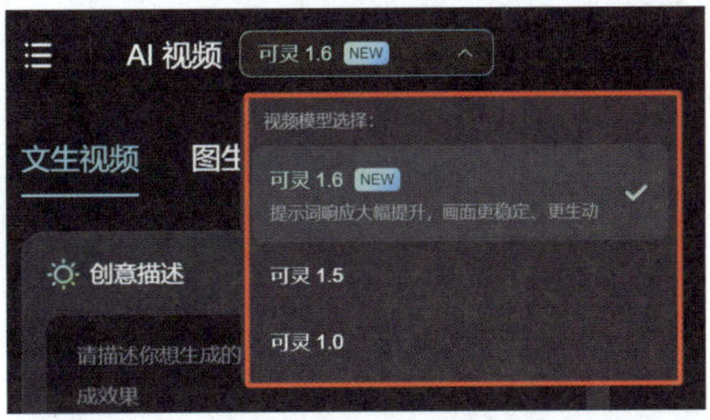


图 3-127　可灵模型

在这里我们先不增加难度，使用一些初级功能熟悉可灵的 AI 视频。首先尝试下方推荐的默认关键词，选择“霓虹灯车”，如图 3-128 所示。

选择“霓虹灯车”后，输入框会自动出现相关的描述词，并且有一些关键词可以供我们添加删减或切换，如图 3-129 所示。

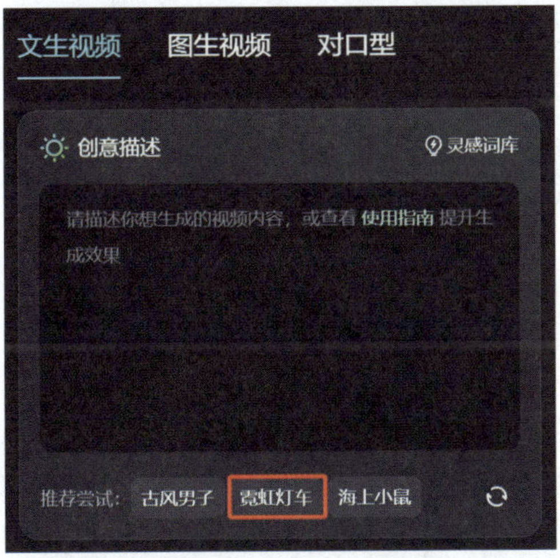


图 3-128　选择默认关键词

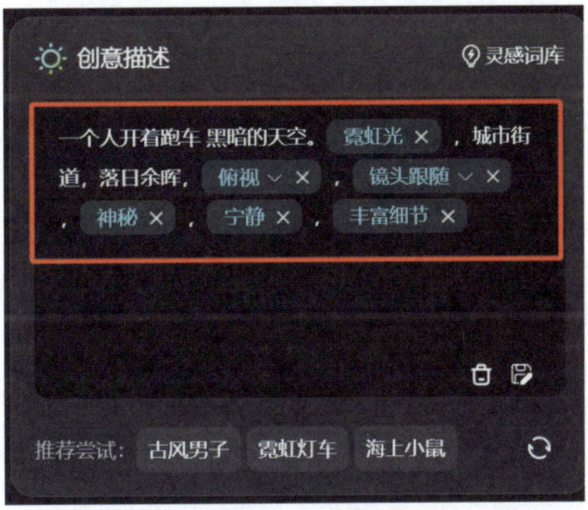


图 3-129　预设提示词

在这里点击俯视关键词旁边的箭头，可以切换该场景的角度，如图 3-130 所示。

选择无人机拍摄，如图 3-131 所示。

在参数设置中可以调节生成内容与文字描述（提示词）的相关联性，还可以设置生成质量、时长、视频比例、视频数量等参数，如图 3-132 所示。

接下来是运镜控制，在新版模型中暂时不支持自定义运镜，如图 3-133 所示。

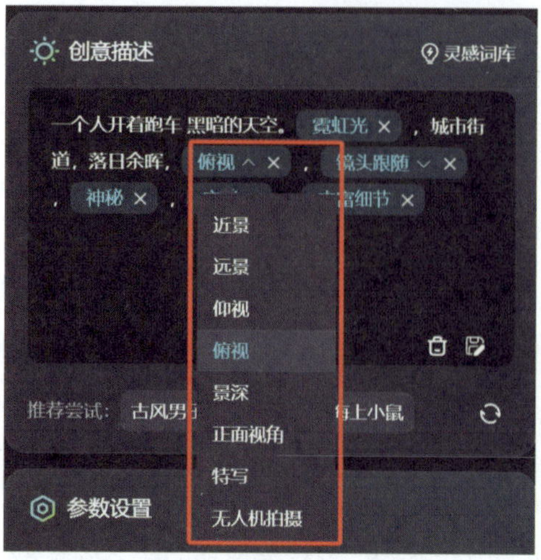


图 3-130 调整提示词

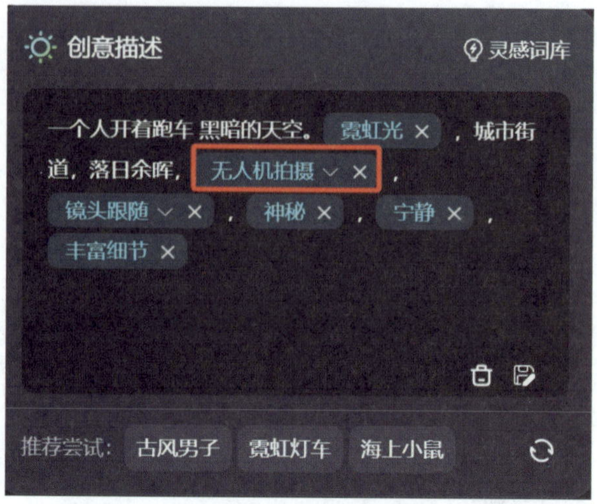


图 3-131 调整视角

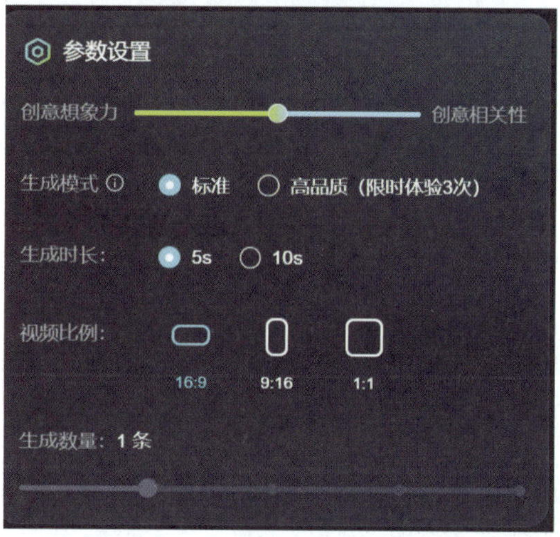


图 3-132 参数设置

图 3-133 运镜控制

不希望呈现的内容即为负向提示词。在这里可以写出不希望出现的画面、风格，比如：模糊、虚假、扭曲、低质量等，如图 3-134 所示。

输入负向提示词内容，如图 3-135 所示。

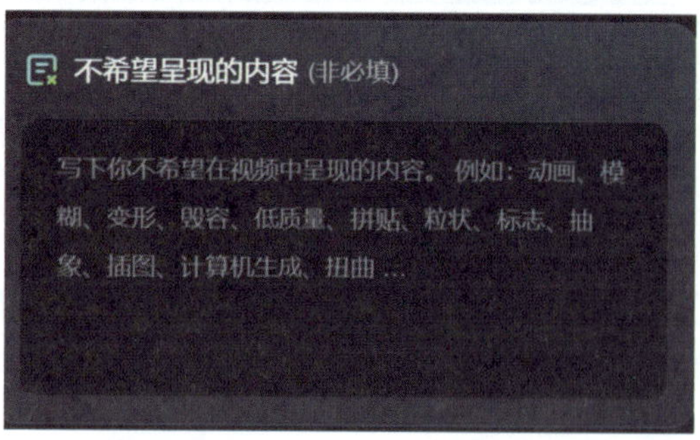


图 3-134 负向提示词

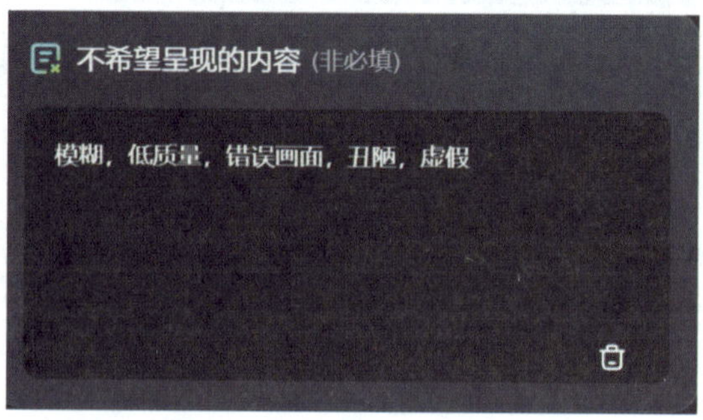


图 3-135 输入负向提示词

根据之前输入的正负向提示词，最终得到一个“霓虹灯车”的视频，视频截图如图 3-136 所示。

图 3-136　视频截图

点击下方的“赛博美女”标签，系统会自动填充预设好的提示词，让我们来一同学习和观察视频效果，创意描述的提示词如图 3-137 所示。

等待可灵 AI 生成，如图 3-138 所示。

生成视频的截图如图 3-139 所示。

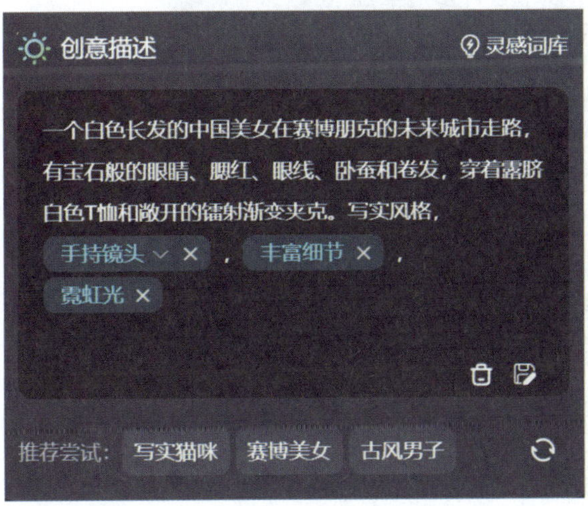


图 3-137　创意描述的提示词

图 3-138　等待生成

创意描述的文本框右上方是“灵感词库”按钮，这个功能非常方便地辅助我们填写提示词，如图 3-140 所示。

图 3-139　画面效果

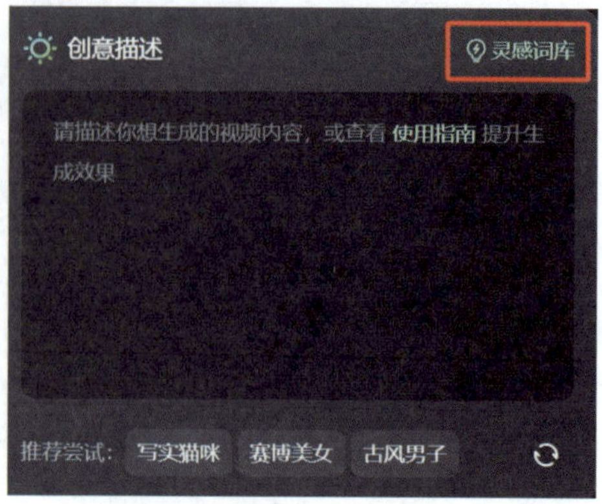


图 3-140　灵感词库（1）

进入灵感词库会看到很多预设好的提示词，这些提示词被分门归类，比如：镜头、景别、光影、画面、氛围等等，如图 3-141 所示。

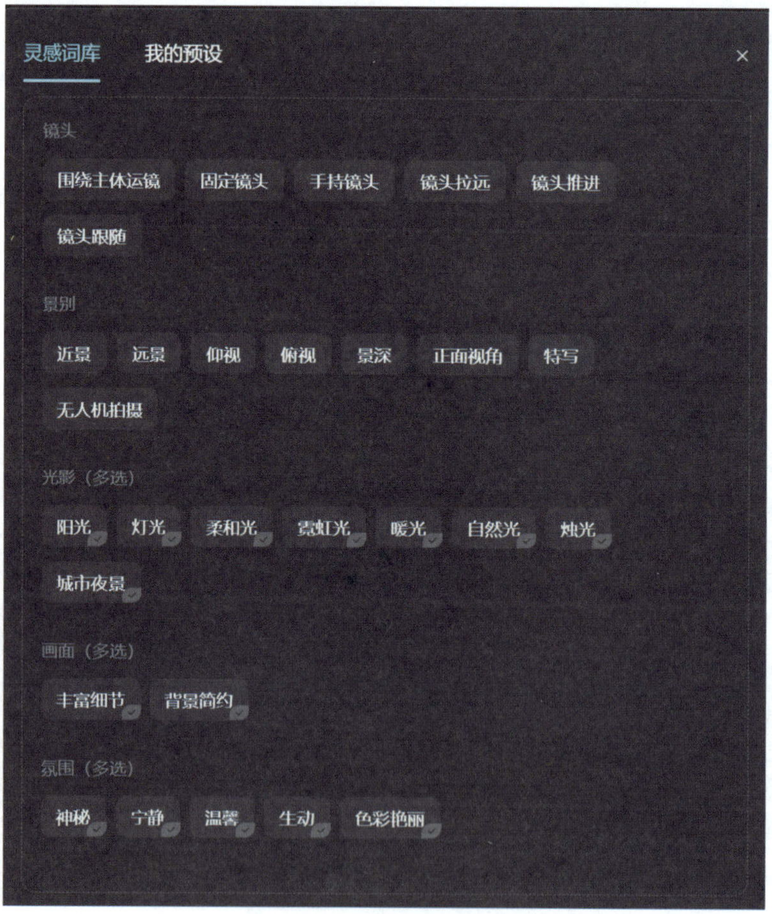


图 3-141　灵感词库（2）

当鼠标点击某个标签后，会有一个预览效果图，辅助我们理解当前提示词的效果，如图 3-142 所示。

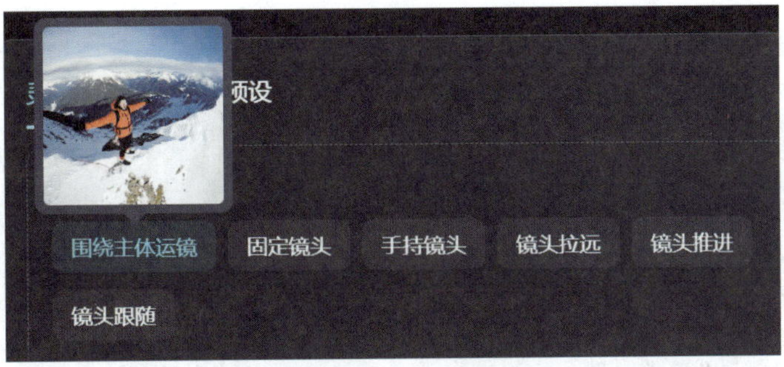


图 3-142　预设效果

可以观察更多的提示词预览效果，如图 3-143 所示。

图 3-143　提示词预览效果

从灵感库中选择的提示词和手动输入的提示词会有区别。系统提示词类似于标签，可以随时添加和删除，如图 3-144 所示。

如果当前的提示词是常用的，可以点击右下方的“保存”按钮，将其保存为预设，方便以后一键调取，避免每次的重复操作，如图 3-145 所示。

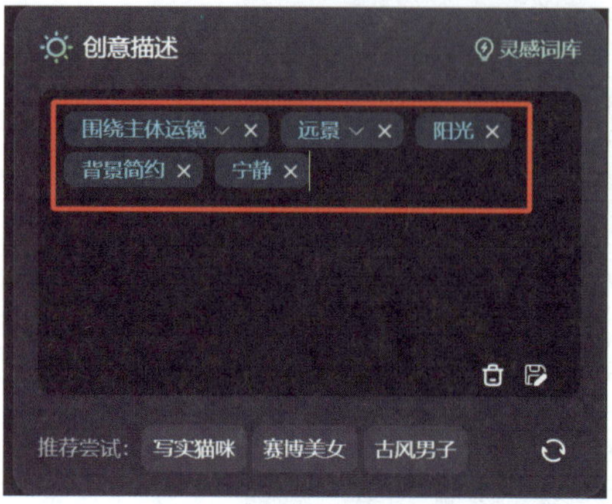


图 3-144　提示词标签

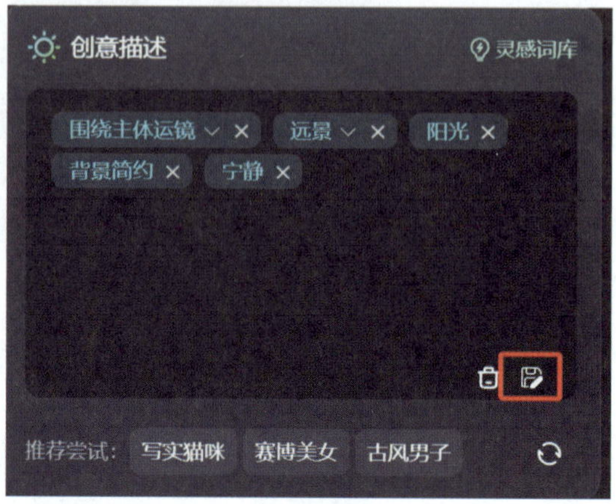


图 3-145　提示词预设

在灵感词库的右侧，保存后的提示词，可在“我的预设”中找到，如图 3-146 所示。

图 3-146　我的预设

“我的预设”也可以进行进一步的编辑修改，如图 3-147 所示。

图 3-147　编辑预设

### 3.2.2　首尾帧功能：控制视频首尾画面

与文生视频依赖文字描述不同，图生视频依赖的是图片。用户在上传参考图之后，即可生成视频，如图 3-148 所示。

选择“首帧图”，即可为视频的开头画面设定一个场景，如图 3-149 所示。

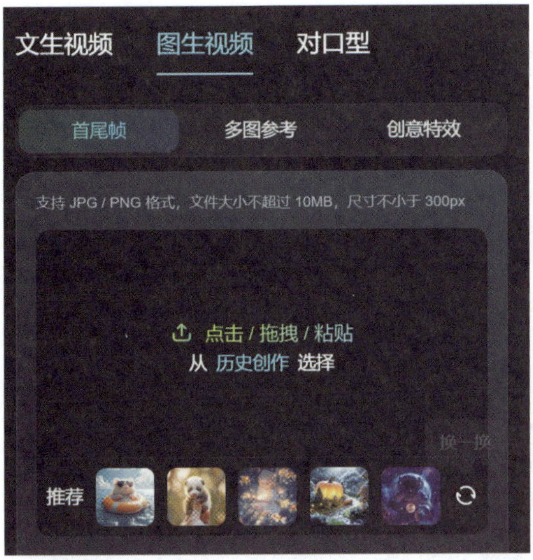


图 3-148　图生视频

图 3-149　选择首帧图

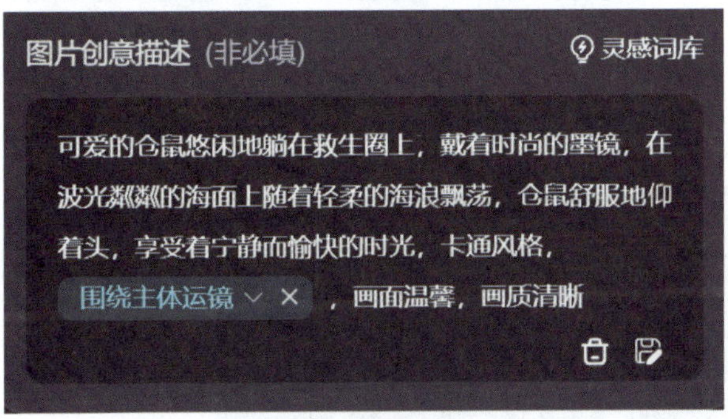


图 3-150　提示词

也可以为这张图添加一些图片描述，方便 AI 更好地了解图片画面内容，不过，这一步并非必要，如图 3-150 所示。

下方的参数设置和之前文生视频中的设置一样，如图 3-151 所示。

尾帧图代表视频画面的结尾内容，首帧图和尾帧图可以相互切换，如图 3-152 所示。

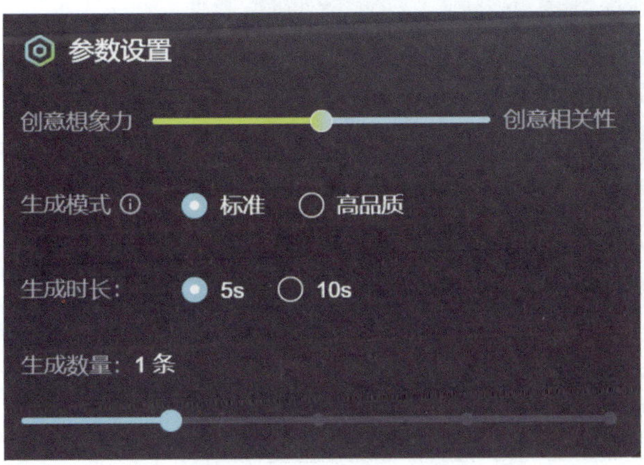


图 3-151　参数设置

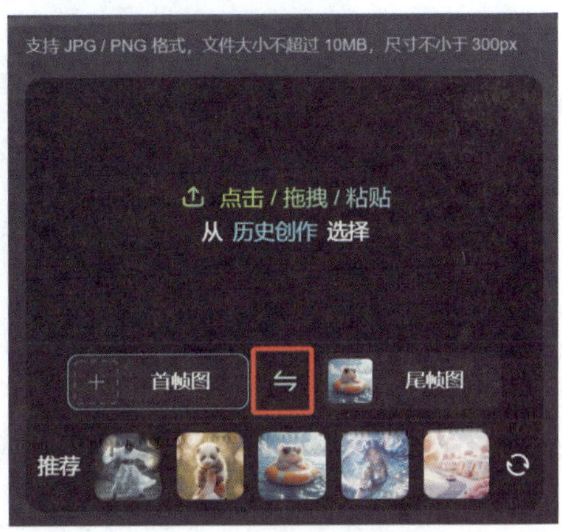


图 3-152　首帧图与尾帧图互换

比如，给首帧图和尾帧图都添加上图片，并且写好图片创意描述，如图 3-153 所示。视频的开头画面就会参考首帧图的效果，如图 3-154 所示。

图 3-153　首帧图与尾帧图

图 3-154　首帧图

视频中间是由 AI 计算出来的衔接过渡画面，如图 3-155 所示。

图 3-155　过渡效果画面

而视频结束的画面则是尾帧图效果，如图 3-156 所示。

图 3-156　尾帧图

### 3.2.3　运动笔刷

可灵 1.6 模型暂时不支持运动笔刷，让我们来切换到可灵 1.5 版本，如图 3-157 所示。

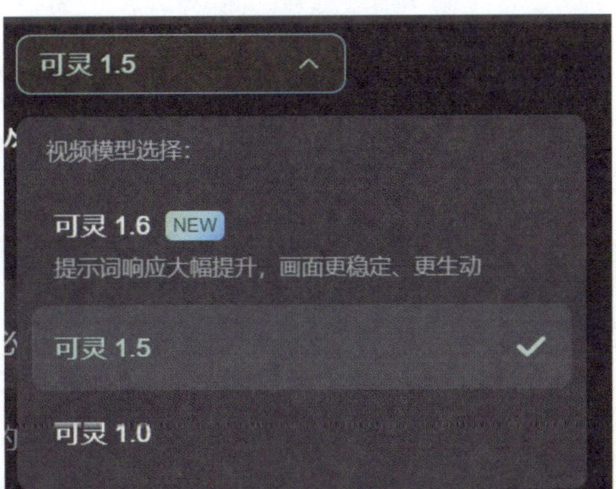


图 3-157　可灵版本

此时在“运动笔刷”设置中，就可以添加内容了，如图 3-158 所示。

图 3-158 运动笔刷（1）

运动笔刷有一个单独的面板，这个功能可以局部控制画面中的某个物体运动的方向，如图 3-159 所示。

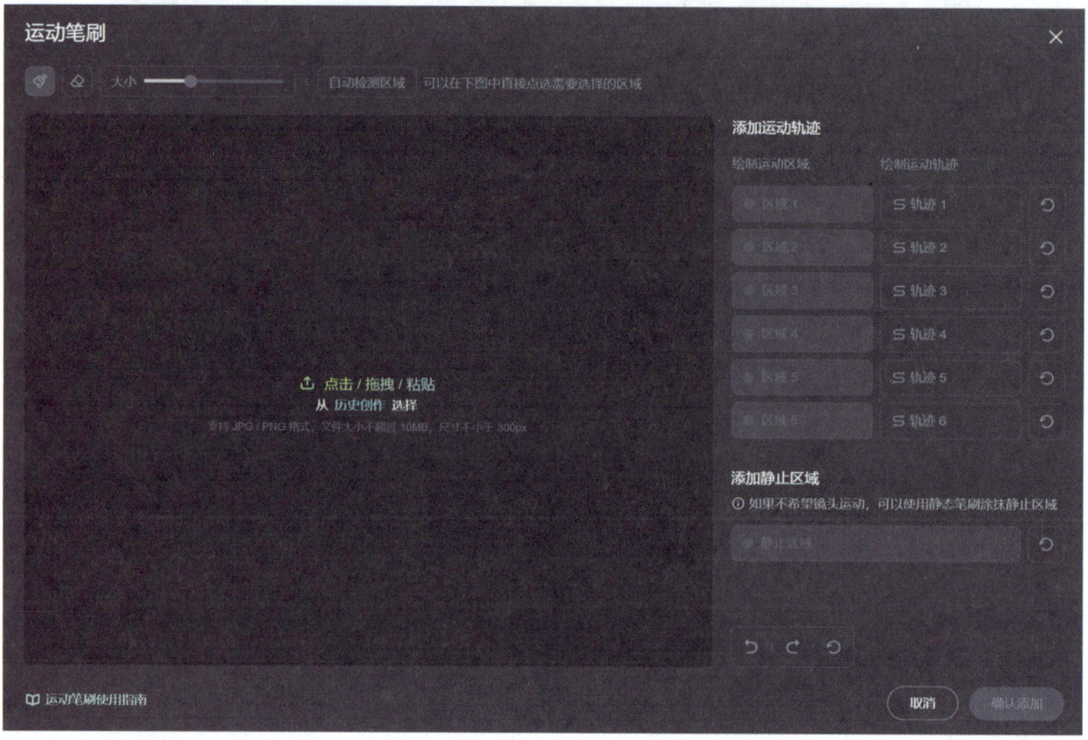


图 3-159 运动笔刷（2）

从“历史创作”中调取一张图片，如图 3-160 所示。

选择海底世界的一张图，如图 3-161 所示。

图 3-160 历史创作

图 3-161 选择历史创作

此时，左侧会显示图片，右侧是编辑区域，如图 3-162 所示。

图 3-162　运动笔刷区域

默认状态下激活的是绿色区域 1，可以在图片区域用画笔工具绘制区域 1 的范围，如图 3-163 所示。

图 3-163　区域 1

绘制完成区域范围以后需要定义该区域的运动轨迹。在图片位置拖拽鼠标左键即可，如图 3-164 所示。

图 3-164　轨迹 1

同理区域 2 的操作方式也是一样的。首先绘制目标范围，如图 3-165 所示。

图 3-165　区域 2

然后再定义运动轨迹，以此类推，可以定义多个运动区域与轨迹，如图 3-166 所示。

图 3-166　轨迹 2

除了可以定义运动范围以外，还能定义画面的静止区域，如图 3-167 所示。绘制方式是一样的，绘制完成后，会留下黑色半透明标记。

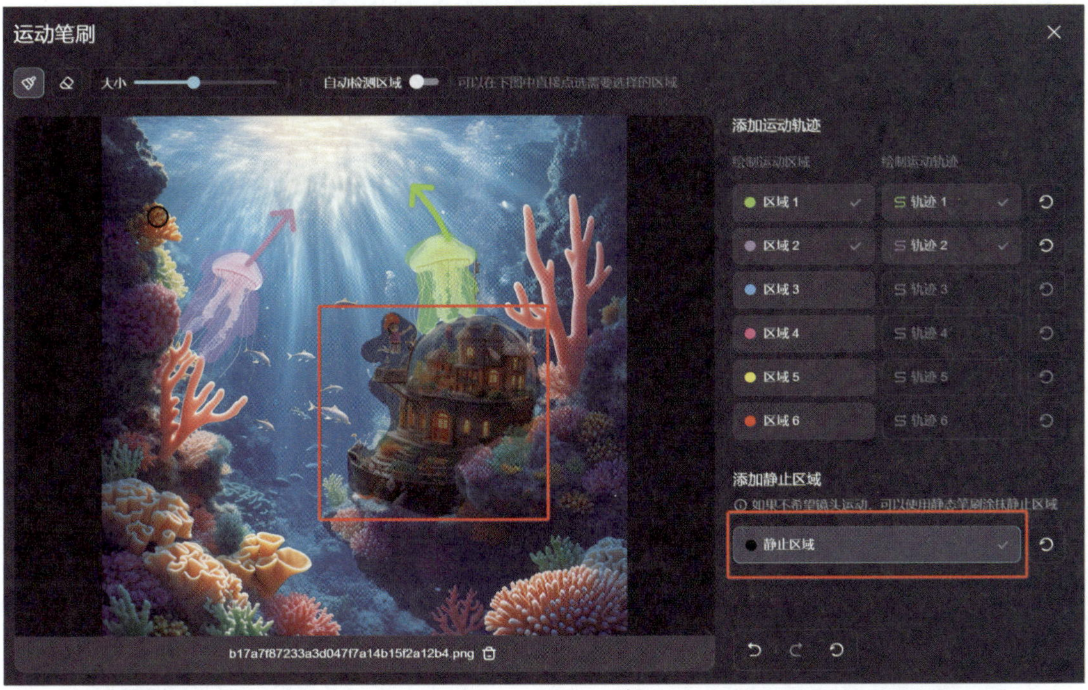


图 3-167　静止区域

结束绘制以后，运动笔刷设置面板会显示当前运动笔刷的信息，如图 3-168 所示。

给当前画面添加提示词：“海底童话世界，水母在缓慢游动，阳光照耀，射入水中，波光粼粼。”再生成视频，视频截图如图 3-169 所示。

图 3-168　运动笔刷（3）

图 3-169　提示词

在视频画面中，两只水母按照之前我们设定的方向在运动，视频截图如图 3-170 所示。

图 3-170　运动物体

整体视频画面如图 3-171 所示。

图 3-171　整体视频画面

### 3.2.4 运镜控制

除了运动笔刷控制画面以外，还可以进行运镜控制，如图 3-172 所示。

在没有选定运镜方式的时候，AI 会根据画面内容或者提示词，智能匹配运镜方式，如图 3-173 所示。

可灵 AI 给出了若干个运镜方案可供选择，如图 3-174 所示，运镜方式示意图如图 3-175 所示。

图 3-172　运镜控制

图 3-173　运镜方式

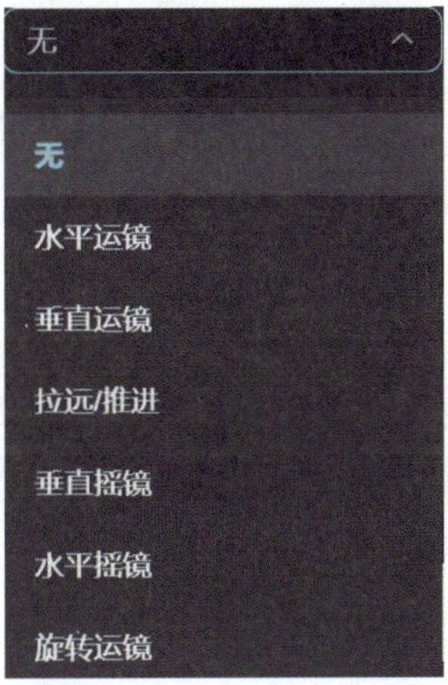


图 3-174　运镜方式名称

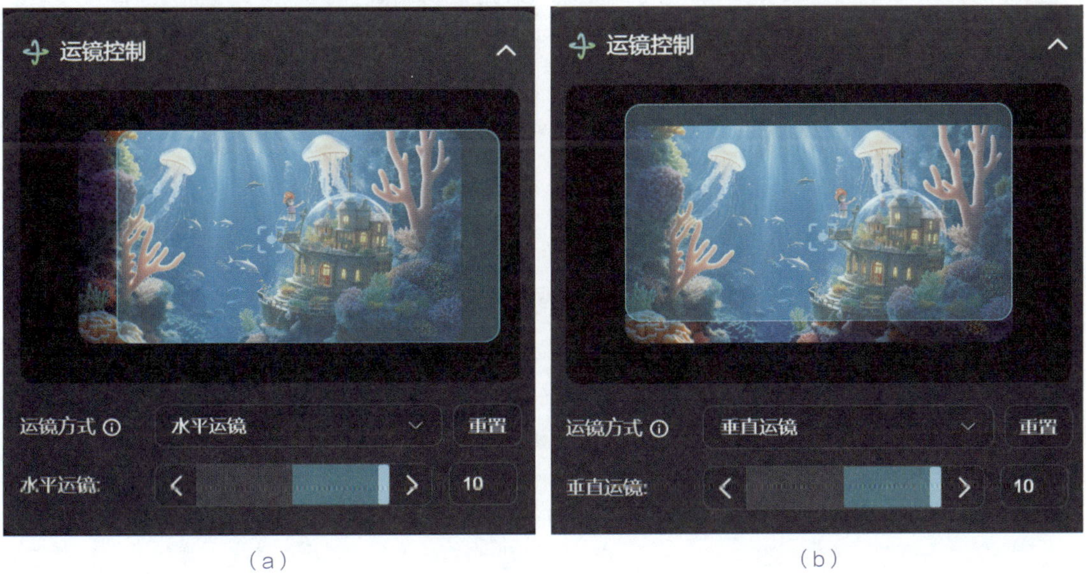


图 3-175

（c）

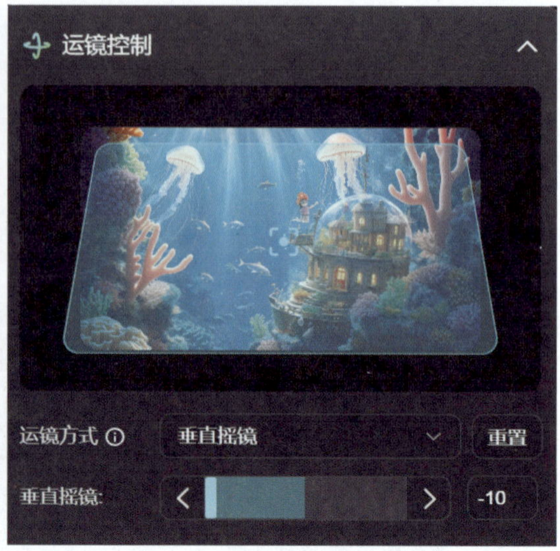


（d）

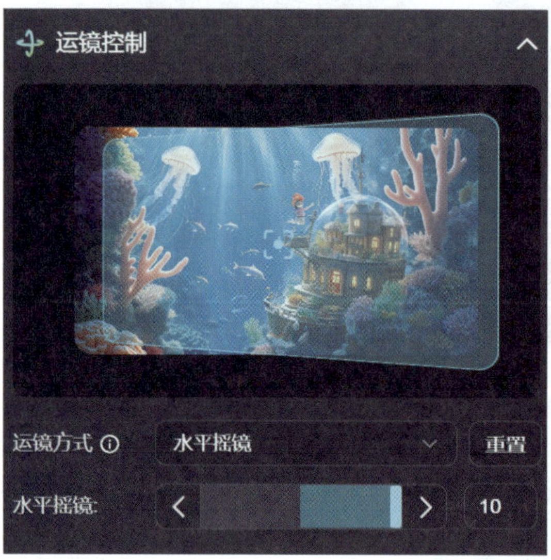


（e）

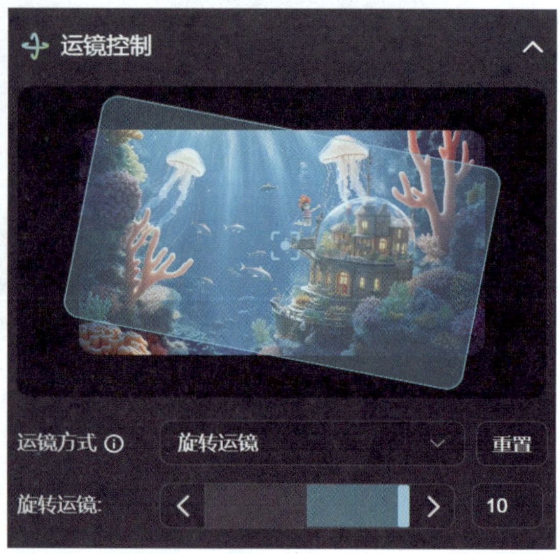


（f）

图 3-175　运镜方式示意图

### 3.2.5　多图参考：更精准地控制视频画面内容

下面，我们来了解一个比较新的功能——多图参考，如图 3-176 所示。前面我们提到了首帧图、尾帧图的概念，实际上就是让 AI 参考这两张图片生成视频，并且首尾呼应。现在，AI 可以同时参考联系多张图片进行视频生成。

可灵 AI 给出了多图参考的功能解释，如图 3-177 所示。

我们选择若干张图片，并且填写描述性的文字，辅助 AI 理解画面，如图 3-178 所示。

生成好的视频会将之前的图片内容有逻辑地融合在一起，形成一个新的视频，视频效果截图如图 3-179 所示。

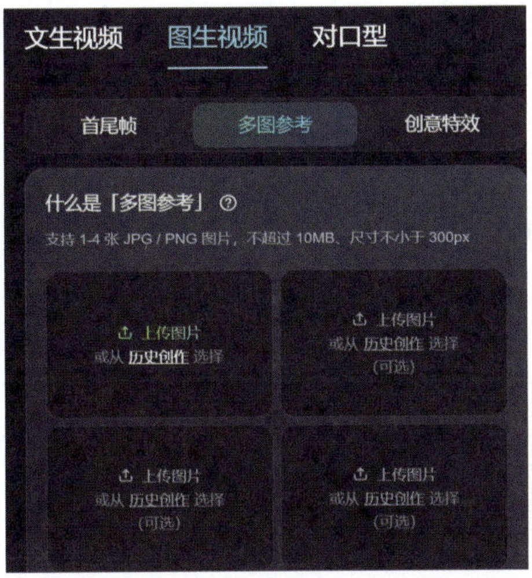


图 3-176　多图参考功能

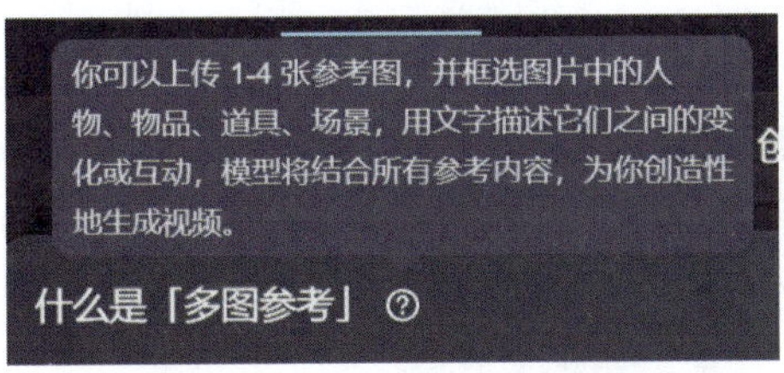


图 3-177　多图参考功能解释

图 3-178　选择多张图片

图 3-179

图 3-179 视频效果截图（1）

我们再来制作一个视频，这次使用四张图片，并输入一些描述性的提示词，如图 3-180 所示。

图 3-180 上传多张图片并写好提示词

得到一个身着棕色皮夹克戴着眼镜的猫咪，在舞台上面向镜头微笑，视频效果截图如图 3-181 所示。

图 3-181　使用四张图片生成的视频效果截图

多图参考对真人画面也有不错的效果。我们添加两张女生的照片，让她们抱在一起，如图 3-182 所示。

图 3-182 多图参考-上传两张女生的照片

视频效果截图如图 3-183 所示。

图 3-183　视频效果截图（2）

再来试试 3D 卡通风格的效果，上传一个卡通人物和一个卡通小熊的照片，添加提示词，如图 3-184 所示。

图 3-184　多图参考-上传两张卡通图片

可以得到小熊和人物一起互动的视频画面，如图 3-185 所示。

图 3-185 视频效果截图（3）

### 3.2.6 创意特效：真假难辨的趣味特效

“创意特效”同样是图生视频中的功能，如图 3-186 所示。我们只需要上传一张图片，即可根据预设好的效果，生成新的画面。

可灵 AI 预设了 3 个效果：快来惹毛我、捏捏乐、万物膨胀。

“快来惹毛我”特效可以让一个物体变成毛绒玩具的模样，如图 3-187 所示。

图 3-186　创意特效

图 3-187　“快来惹毛我”特效（1）

“捏捏乐”特效可以用手捏一个物体对象，如图 3-188 所示。

“万物膨胀”特效可以膨胀任何一个物体，如图 3-189 所示。

下面来使用创意特效功能。首先需要上传一张图片，并且选中一个特效，如图 3-190 所示。

图 3-188　“捏捏乐”特效（1）

图 3-189　“万物膨胀”特效（1）

图 3-190　上传图片

所上传的图片通过可灵 AI 生成，首先让 DeepSeek 生成一个提示词，如图 3-191 所示。

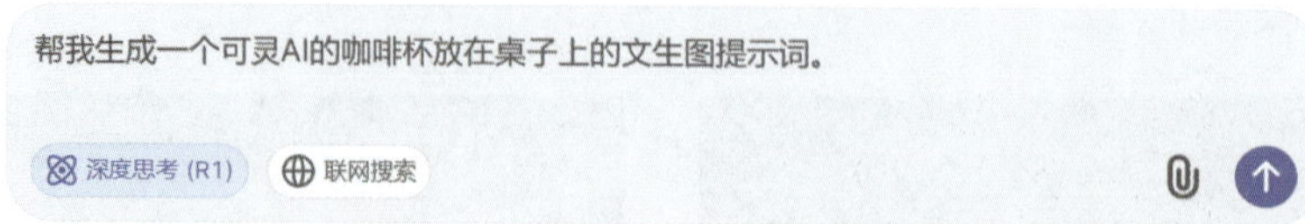


图 3-191　让 DeepSeek 生成提示词

选择“复古文艺风格”的提示词，如图 3-192 所示。

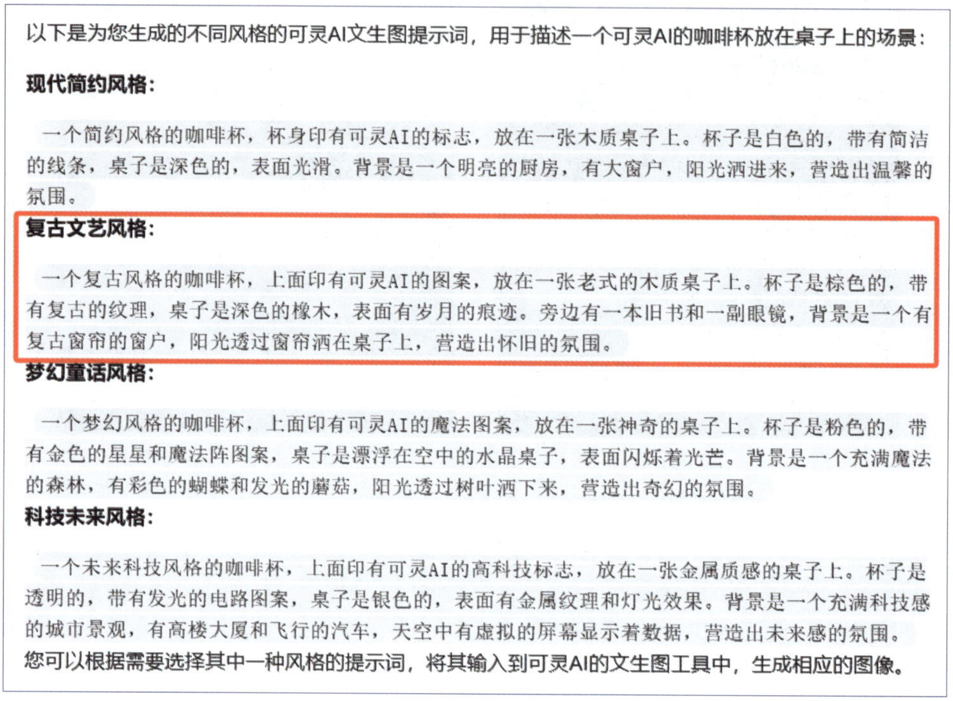

以下是为您生成的不同风格的可灵AI文生图提示词，用于描述一个可灵AI的咖啡杯放在桌子上的场景：

**现代简约风格：**

一个简约风格的咖啡杯，杯身印有可灵AI的标志，放在一张木质桌子上。杯子是白色的，带有简洁的线条，桌子是深色的，表面光滑。背景是一个明亮的厨房，有大窗户，阳光洒进来，营造出温馨的氛围。

**复古文艺风格：**

一个复古风格的咖啡杯，上面印有可灵AI的图案，放在一张老式的木质桌子上。杯子是棕色的，带有复古的纹理，桌子是深色的橡木，表面有岁月的痕迹。旁边有一本旧书和一副眼镜，背景是一个有复古窗帘的窗户，阳光透过窗帘洒在桌子上，营造出怀旧的氛围。

**梦幻童话风格：**

一个梦幻风格的咖啡杯，上面印有可灵AI的魔法图案，放在一张神奇的桌子上。杯子是粉色的，带有金色的星星和魔法阵图案，桌子是漂浮在空中的水晶桌子，表面闪烁着光芒。背景是一个充满魔法的森林，有彩色的蝴蝶和发光的蘑菇，阳光透过树叶洒下来，营造出奇幻的氛围。

**科技未来风格：**

一个未来科技风格的咖啡杯，上面印有可灵AI的高科技标志，放在一张金属质感的桌子上。杯子是透明的，带有发光的电路图案，桌子是银色的，表面有金属纹理和灯光效果。背景是一个充满科技感的城市景观，有高楼大厦和飞行的汽车，天空中有虚拟的屏幕显示着数据，营造出未来感的氛围。

**您可以根据需要选择其中一种风格的提示词，将其输入到可灵AI的文生图工具中，生成相应的图像。**

图 3-192　DeepSeek 生成多种风格提示词

将提示词粘贴到可灵 AI“文生图”的创意描述中生成图片，如图 3-193 所示。选择一个标准的 16 ∶ 9 视频比例，如图 3-194 所示。

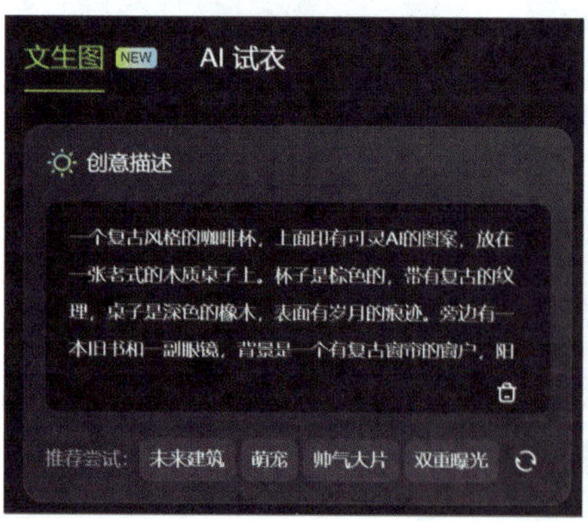


图 3-193　文生图（1）

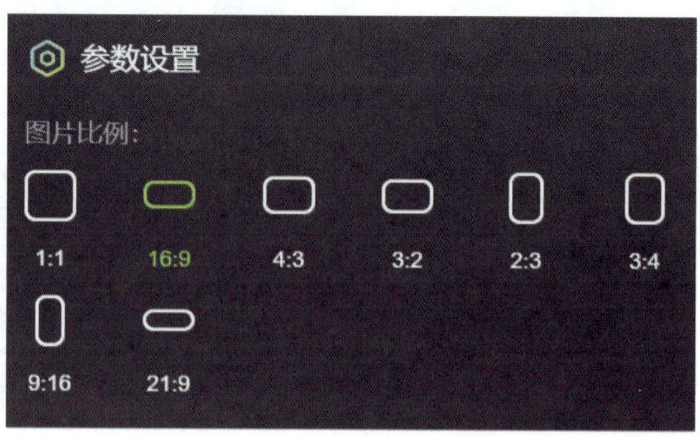


图 3-194　选择 16 ∶ 9 视频比例

得到一张复古风格的咖啡杯图片，如图 3-195 所示。

图 3-195　复古咖啡杯图片

然后切换到“创意特效”功能，在“历史创作”中，找到刚才生成的复古风格的咖啡杯图片，如图 3-196 所示。

选择复古风格的咖啡杯图片，如图 3-197 所示。

图片添加成功后，选择“快来惹毛我”特效，点击生成视频，如图 3-198 所示。

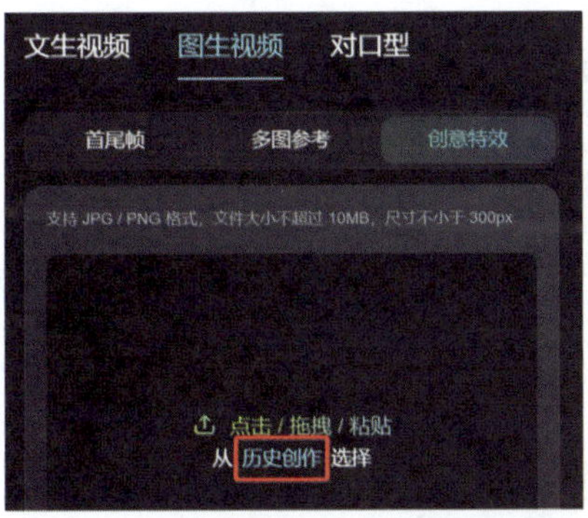


图 3-196　历史创作

图 3-197　选择图片

图 3-198　选择特效

值得注意的是，视频配有音效与有趣的背景音乐，画面活泼有趣，视频截图如图 3-199 所示。

图 3-199 视频效果截图（1）

接下来尝试“捏捏乐”这个特效，如图 3-200 所示。

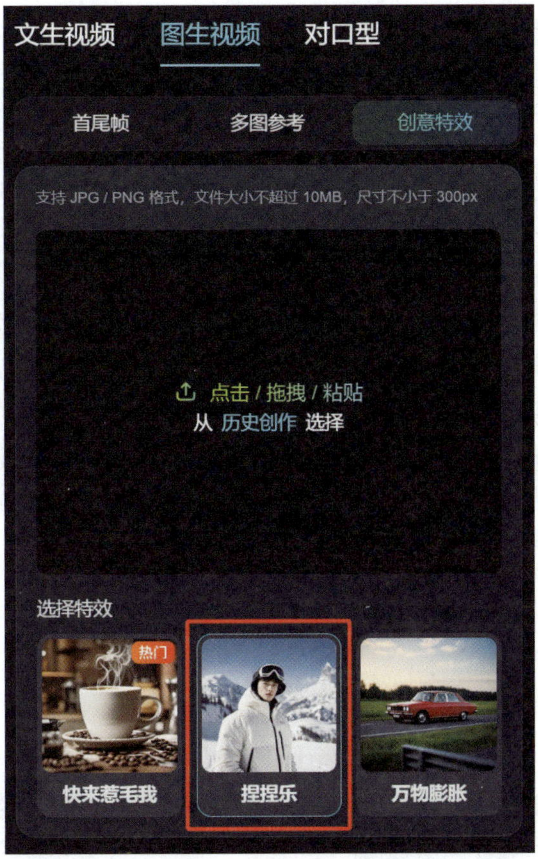


图 3-200　“捏捏乐”特效（2）

所上传的图片通过可灵 AI 生成，首先让 DeepSeek 给我们生成一个详细的提示词，如图 3-201 所示。

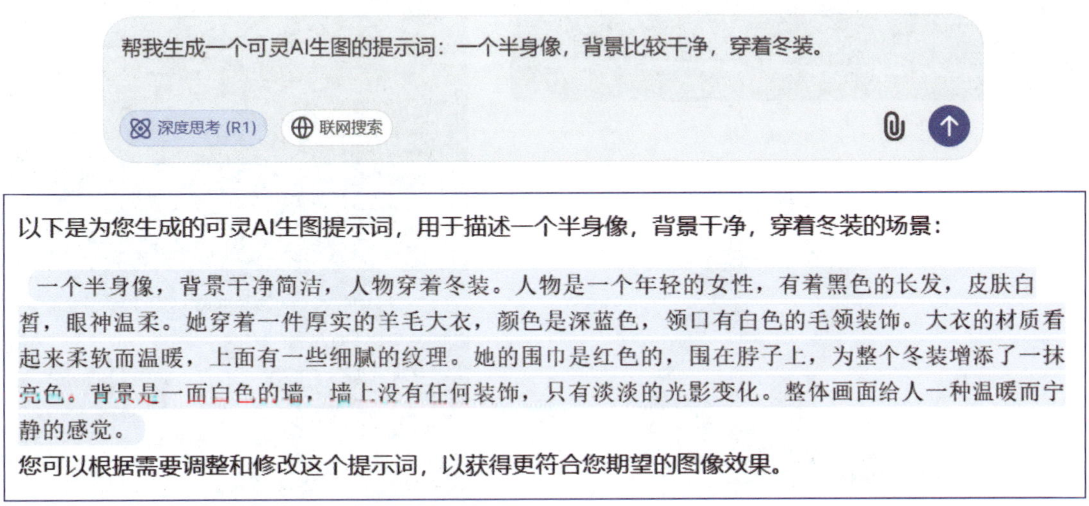


图 3-201　让 DeepSeek 生成详细提示词

将提示词粘贴到可灵 AI 的文生图中，如图 3-202 所示。

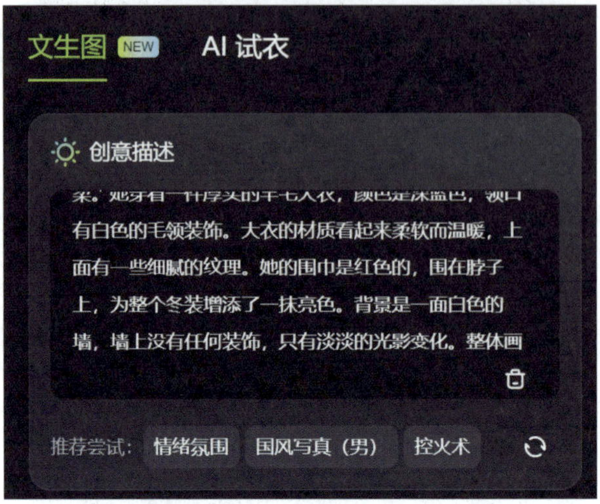


图 3-202　文生图（2）

图片比例设置为 16 ：9 横向画面，如图 3-203 所示。

所生成图片如图 3-204 所示。

在“历史创作”中找到该图片，添加到创意特效中，并选择“捏捏乐”特效，如图 3-205 所示。

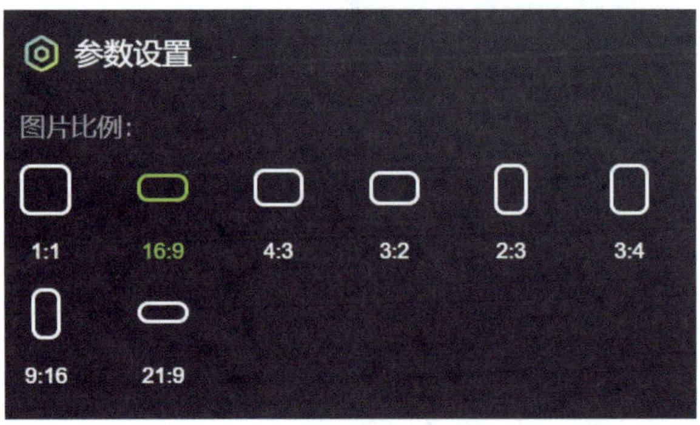


图 3-203　图片比例

图 3-204　生成女生图片

图 3-205　选择特效

视频生成好以后效果非常逼真，配有真实的捏橡皮泥的音效，视频截图如图 3-206 所示。

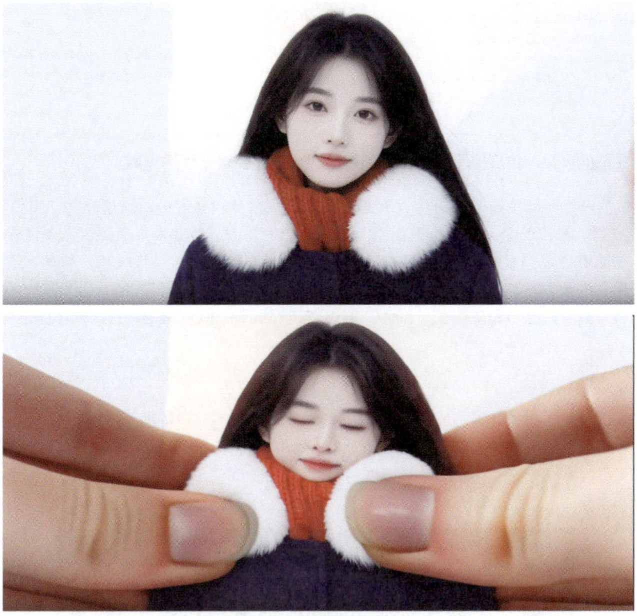

图 3-206　视频效果截图（2）

接下来讲解“万物膨胀”特效，如图 3-207 所示。

图 3-207　“万物膨胀”特效（2）

所上传图片通过可灵 AI 生成，首先使用 DeepSeek 生成一个提示词，如图 3-208 所示。

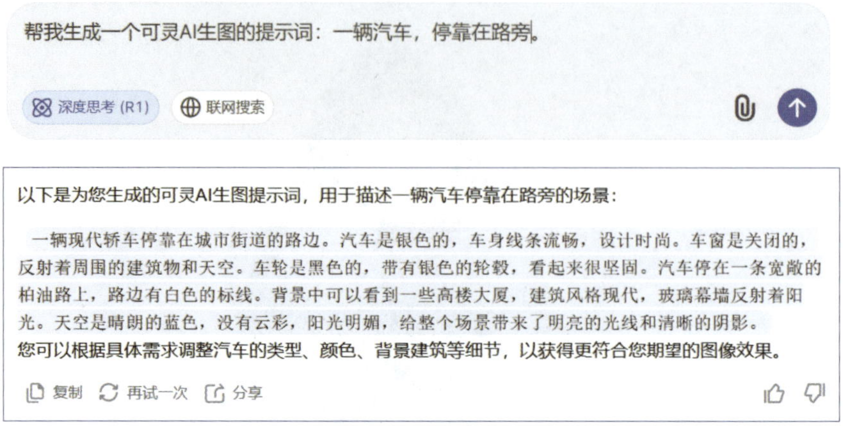


图 3-208　使用 DeepSeek 生成提示词

将提示词粘贴到可灵 AI“文生图”的创意描述中，如图 3-209 所示。

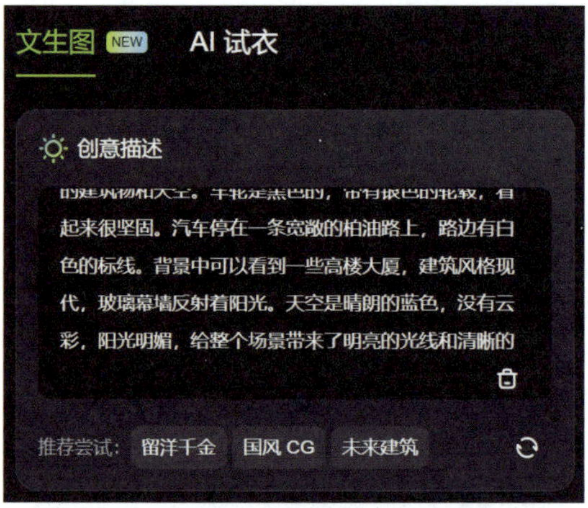


图 3-209　文生图模式下填写提示词

生成一张逼真的汽车图片，如图 3-210 所示。

图 3-210　生成汽车图片

在“历史创作”中找到该图片，将其添加到创意特效中，选择“万物膨胀”的效果，如图 3-211 所示。

图 3-211　“万物膨胀”特效（2）

视频画面配有气球的音效与轻松的背景音乐，视频效果截图如图 3-212 所示。

图 3-212

图 3-212　视频效果截图（3）

## 3.2.7　对口型

“对口型”这个功能，可以让一个人物朗读一段话，如图 3-213 所示。

选择推荐的人物，如图 3-214 所示。

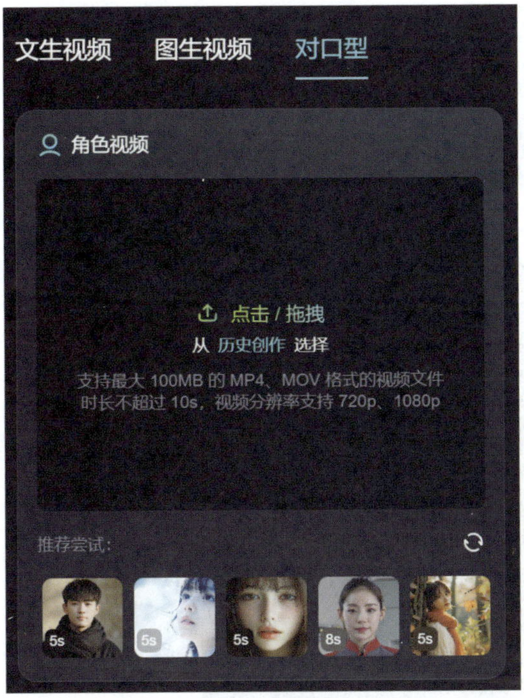


图 3-213　对口型

图 3-214　角色人物选择

点击后可进行视频预览，如图 3-215 所示。

图 3-215　视频预览

视频下方可以上传文本或者配音文件，点击之后，画面跳转到一个比较详细的设置页面，如图 3-216 所示。

在详细设置页面中，可以输入需要被朗读的文本，如图 3-217 所示。输入完成以后，可以挑选音色、控制语速。

图 3-216　音频

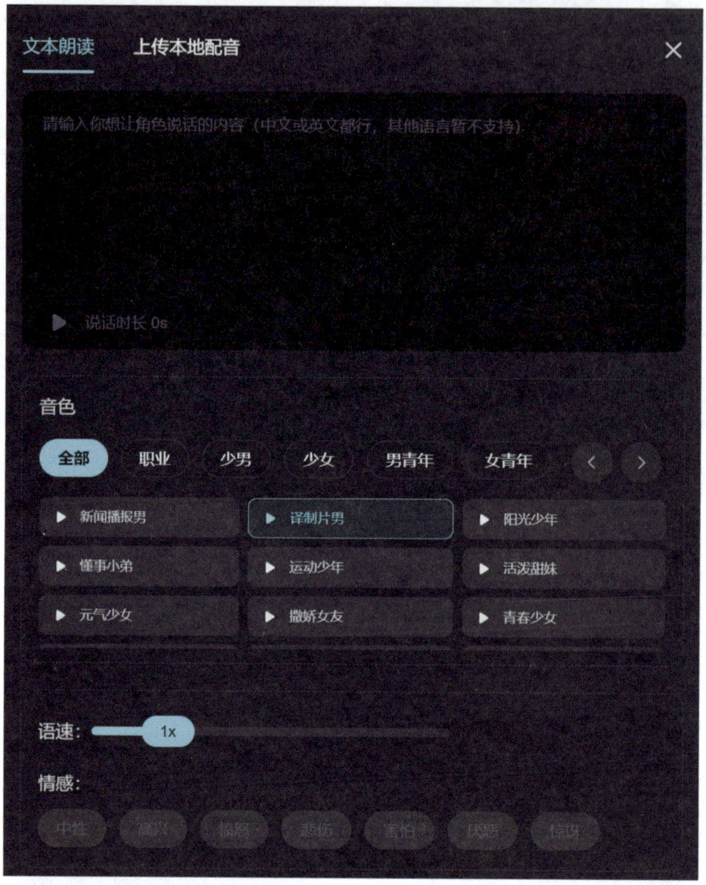


图 3-217　文本朗读

在文本朗读对话框中输入一段文字，如图 3-218 所示。

图 3-218　输入文本

选择下方的一个音色，点击播放按钮可以试听效果，如图 3-219 所示。设置语速和情感参数，如图 3-220 所示。

设置完成以后点击“立即生成”，如图 3-221 所示。

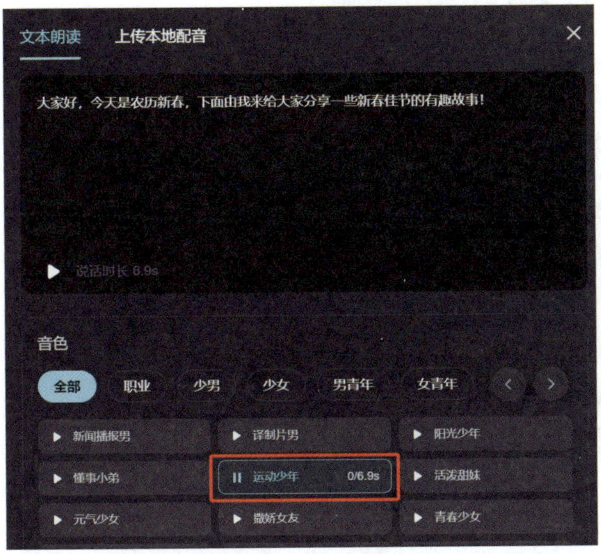


图 3-219　选择音色

图 3-220　语速与情感

图 3-221　生成视频

对生成的音频进行裁剪，如图 3-222 所示。

设置完成以后，人物会自然地朗读刚才我们输入的文本内容，如图 3-223 所示。

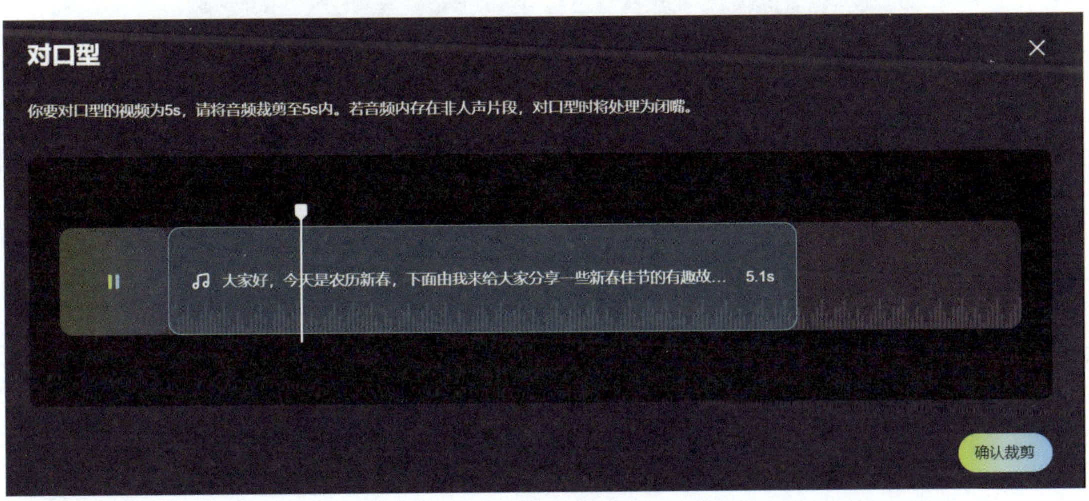


图 3-222　裁剪音频

图 3-223 视频效果

## 3.3 可灵 AI 移动端：随时随地进入创作

除了功能强大的网页端，可灵 AI 还提供了移动端，可以在手机上进行创作，如图 3-224 所示。可以在各大应用商城下载“可灵 AI”。

侧边栏是关于账号的信息导设置选项，如图 3-225 所示。

图 3-224 可灵移动端

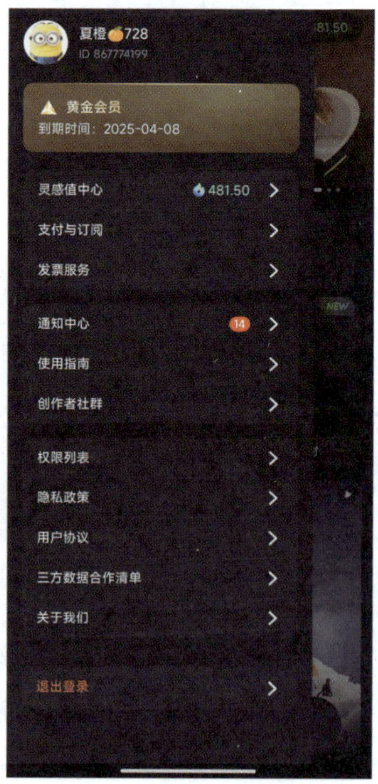


图 3-225 侧边栏

下滑首页可以直接浏览创意圈内容，和网页端的浏览内容是一致的，如图 3-226 所示。

点击作品以后可以查看作品详情。下面我们点击“一键同款”按钮，制作同款，如图 3-227 所示。

系统已经自动填充好了全部的设置内容，如图 3-228 所示。用户只需要点击下方的“立即生成”按钮，即可生成同款视频。

图 3-226　创意圈

图 3-227　一键同款

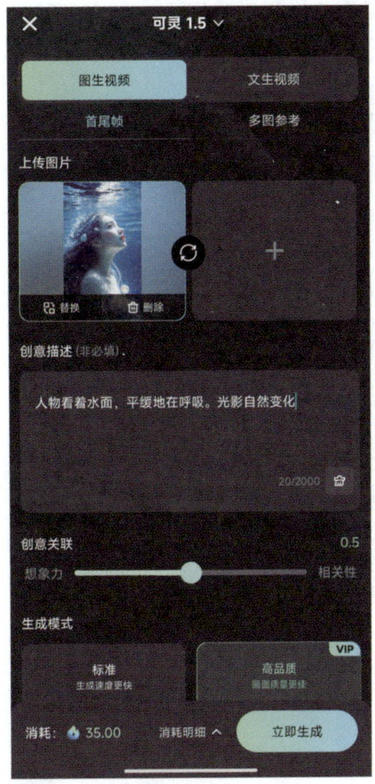


图 3-228　填充设置

首页下方是底部快捷菜单栏，默认选择为“首页”，中间添加内容的按钮是我们最常用到的功能，如图 3-229 所示。

点击添加内容按钮以后，就可以创建视频、图片、特效，如图 3-230 所示。

图 3-229　底部快捷菜单栏

图 3-230　创作类型

点击“我的”按钮，可以随时翻阅创作记录，如图 3-231 所示。

手机端的图生视频创作页面布局和网页端基本保持一致，图生视频创作页面如图 3-232 所示。

我们也可以在手机上使用文生视频的功能，文生视频创作页面如图 3-233 所示。

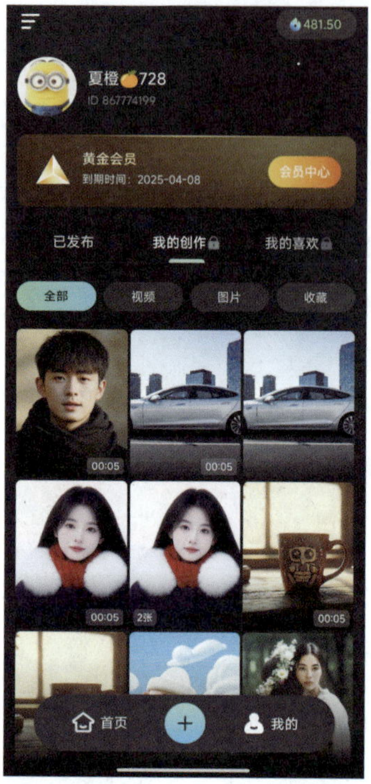


图 3-231 “我的”页面

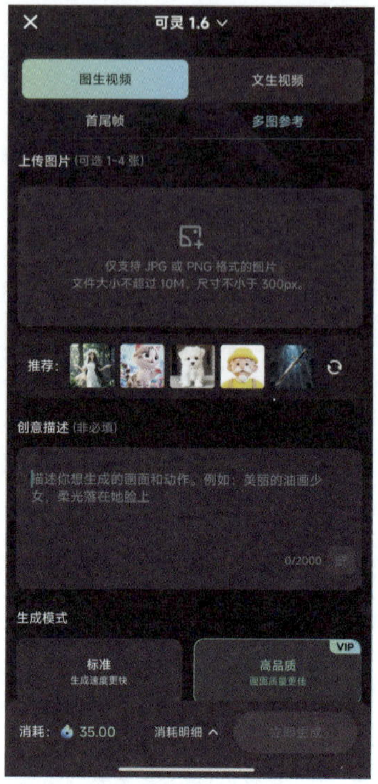


图 3-232 图生视频创作页面

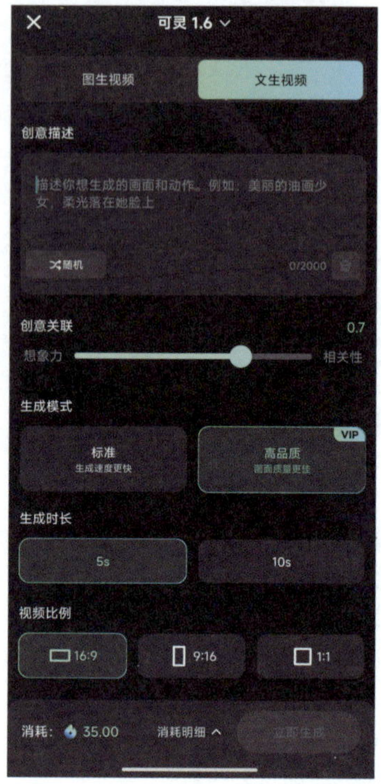


图 3-233 文生视频创作页面

模型选择和网页端保持一致，如图 3-234 所示。

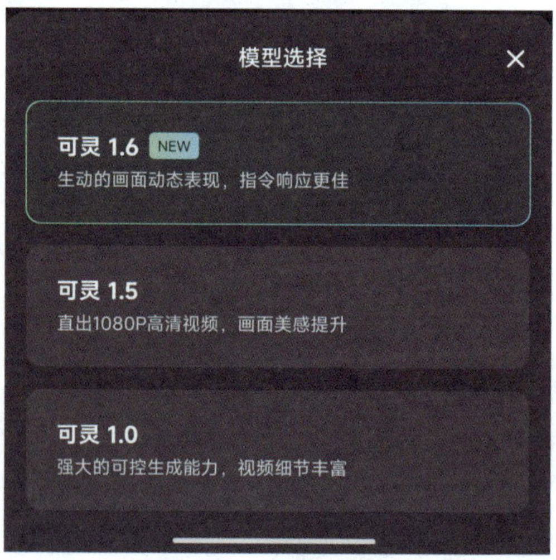


图 3-234 可灵 AI 模型

第4章

# 可灵与DeepSeek配合，创作专属短片

## 4.1 DeepSeek 总导演规划流程：从头脑风暴到执行清单

本案例将带领大家从头到尾制作一个 AI 创意短片。首先使用 DeepSeek 构思剧情，然后使用可灵 AI 实现画面，最后用剪映完成整个视频后期合成工作。

在 DeepSeek 的文本框输入：“我想要做一个 AI 视频短片，用可灵 AI 生成视频，用剪映做后期，现在不确定是什么类型的主题，你能和我一起想想吗？”，如图 4-1 所示。

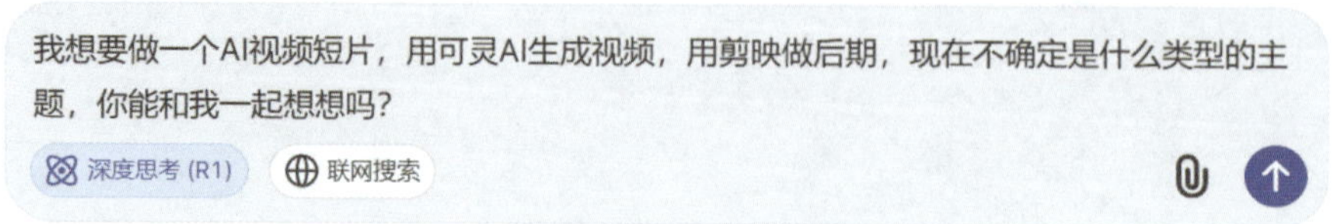


图 4-1　DeepSeek 对话

DeepSeek 给我们提出了若干个创意方向。

① 视觉优先的“概念类”主题。本案例将会延续这个主题方向进行讲解，如图 4-2 所示。

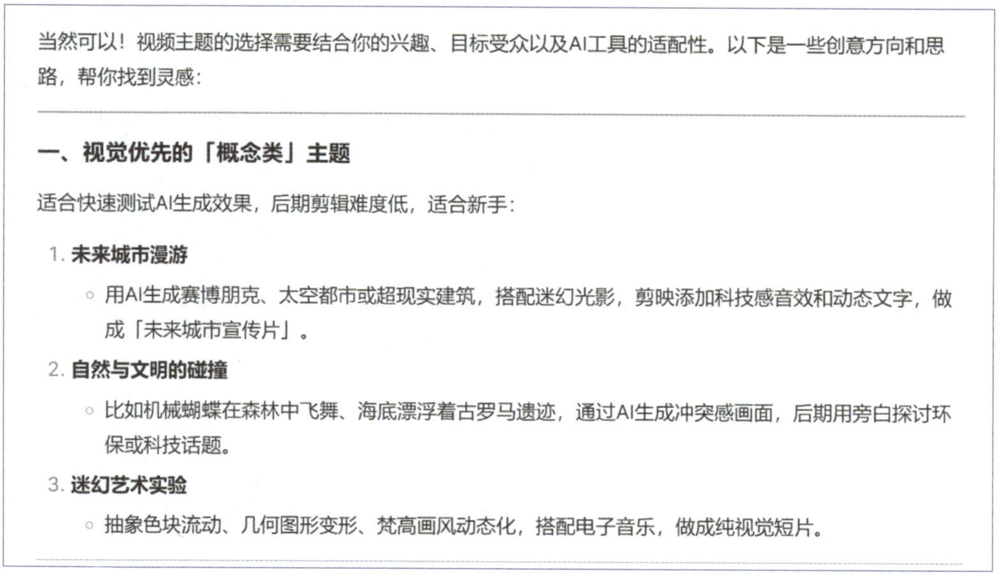

当然可以！视频主题的选择需要结合你的兴趣、目标受众以及AI工具的适配性。以下是一些创意方向和思路，帮你找到灵感：

**一、视觉优先的「概念类」主题**

适合快速测试AI生成效果，后期剪辑难度低，适合新手：

1. **未来城市漫游**
   - 用AI生成赛博朋克、太空都市或超现实建筑，搭配迷幻光影，剪映添加科技感音效和动态文字，做成「未来城市宣传片」。
2. **自然与文明的碰撞**
   - 比如机械蝴蝶在森林中飞舞、海底漂浮着古罗马遗迹，通过AI生成冲突感画面，后期用旁白探讨环保或科技话题。
3. **迷幻艺术实验**
   - 抽象色块流动、几何图形变形、梵高画风动态化，搭配电子音乐，做成纯视觉短片。

图 4-2　DeepSeek 提出视觉优先的“概念类”主题

② 故事驱动的“剧情类”主题。以故事驱动，如图 4-3 所示。这种类型的视频制作更具挑战性，将在本书后面的大案例中讲解。

③ 情感共鸣的“治愈系”主题。DeepSeek 非常适合做这种类型的创作，如图 4-4 所示。DeepSeek 给出了几个选题，比如信件漂流计划、梦境回收站、动物守护者日记等。

④ 脑洞大开的“混搭实验”。将艺术、历史等学科结合，呈现一种全新的视觉盛宴，如图 4-5 所示。比如名画复活计划、如果历史被改写、元素跨界融合等。

⑤ 实用工具类主题。如图 4-6 所示，比如做 AI 工具测评、教程小剧场。

最后，DeepSeek 还给出了一些选择建议。比如，我们可以从兴趣出发挑选适合自己的创作主题。

**二、故事驱动的「剧情类」主题**

需要一定剧本和分镜设计，但更容易引发共鸣：

1. **时间循环的瞬间**
    - 主角每天重复同一场景（如咖啡馆、车站），用AI生成不同天气/季节变化，通过剪辑制造时间错位感，结局揭示循环原因（比如等待某人）。
2. **AI视角看人类**
    - 以AI机器人的第一视角展开，用AI生成“非人类”理解的画面（比如扭曲的街道、像素化人脸），讲述它如何学习情感。
3. **平行宇宙相遇**
    - 同一个角色在不同时空的身份（古代侠客/未来科学家），通过剪映画中画功能让两者产生互动。

图 4-3　DeepSeek 提出的故事驱动的“剧情类”主题

**三、情感共鸣的「治愈系」主题**

适合温情路线，AI生成+剪辑特效易出氛围：

1. **信件漂流计划**
    - AI生成全球各地风景（雪山、海岛、小镇），搭配手写信件动画，讲述陌生人之间的故事。
2. **梦境回收站**
    - 将人们遗忘的梦境可视化（比如飞行的鱼、会说话的树），后期用柔光滤镜和钢琴曲营造治愈感。
3. **动物守护者日记**
    - 用AI生成拟人化动物（穿雨衣的狐狸、戴眼镜的猫），以它们的视角吐槽人类生活，幽默又暖心。

图 4-4　DeepSeek 提出的情感共鸣的“治愈系”主题

**四、脑洞大开的「混搭实验」**

结合AI的随机性，玩转反差创意：

1. **名画复活计划**
    - 《蒙娜丽莎》跳街舞、《星空》变成游泳馆，用AI让经典艺术“动起来”，剪映加搞怪音效。
2. **如果历史被改写**
    - 秦始皇用手机直播统一六国、唐朝出现太空电梯，用幽默方式解构历史。
3. **元素跨界融合**
    - 火焰化成水母、云朵变成积木，通过AI生成超现实转换，搭配ASMR音效。

图 4-5　DeepSeek 提出的“混搭实验”

经过这一轮的回答，我们继续追问 DeepSeek：“谢谢你的回答。我想做一个宇宙相关的视频，感觉画面效果可能会好看一些，你能给我一些建议吗？”如图 4-7 所示。

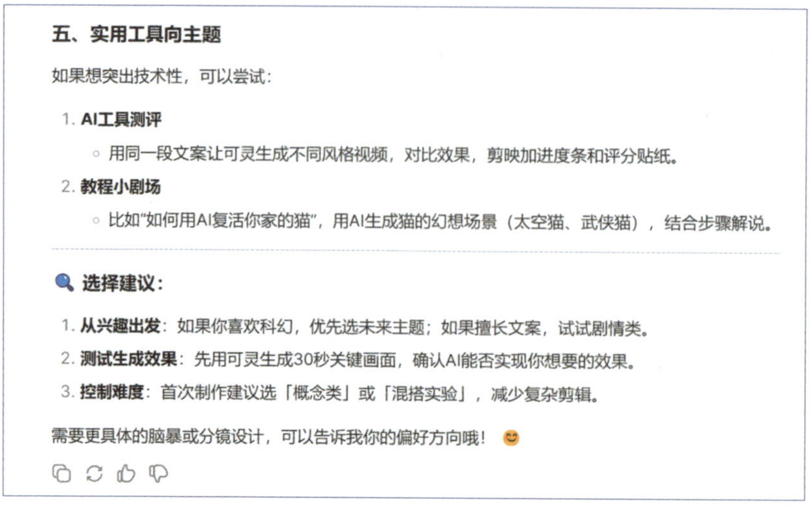

**五、实用工具向主题**

如果想突出技术性，可以尝试：

1. **AI工具测评**
   - 用同一段文案让可灵生成不同风格视频，对比效果，剪映加进度条和评分贴纸。
2. **教程小剧场**
   - 比如"如何用AI复活你家的猫"，用AI生成猫的幻想场景（太空猫、武侠猫），结合步骤解说。

---

🔍 **选择建议：**

1. **从兴趣出发**：如果你喜欢科幻，优先选未来主题；如果擅长文案，试试剧情类。
2. **测试生成效果**：先用可灵生成30秒关键画面，确认AI能否实现你想要的效果。
3. **控制难度**：首次制作建议选「概念类」或「混搭实验」，减少复杂剪辑。

需要更具体的脑暴或分镜设计，可以告诉我你的偏好方向哦！😊

图 4-6　DeepSeek 提出的实用工具向主题

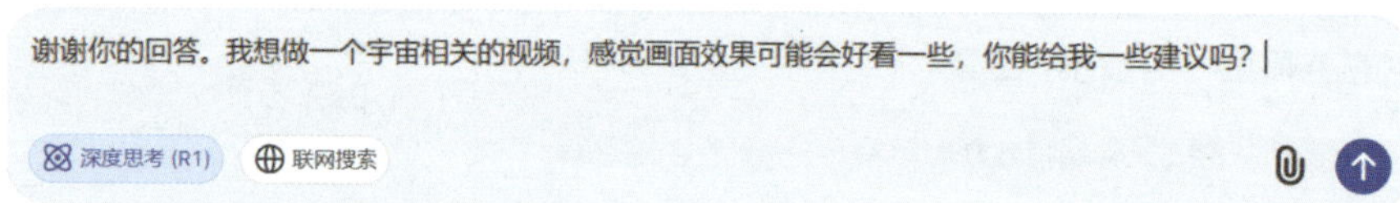

谢谢你的回答。我想做一个宇宙相关的视频，感觉画面效果可能会好看一些，你能给我一些建议吗？



图 4-7　追问 DeepSeek

根据我们的需求，DeepSeek 给出了关于宇宙相关的内容创作建议，如图 4-8 所示。首先推荐的是带有故事剧情的小剧本。概念是一艘 AI 飞船跨越亿万光年，收集不同星球的"文明记忆碎片"，最终拼凑出宇宙终极秘密。DeepSeek给出了这个概念故事的开篇、章节、结尾等内容的纲要。

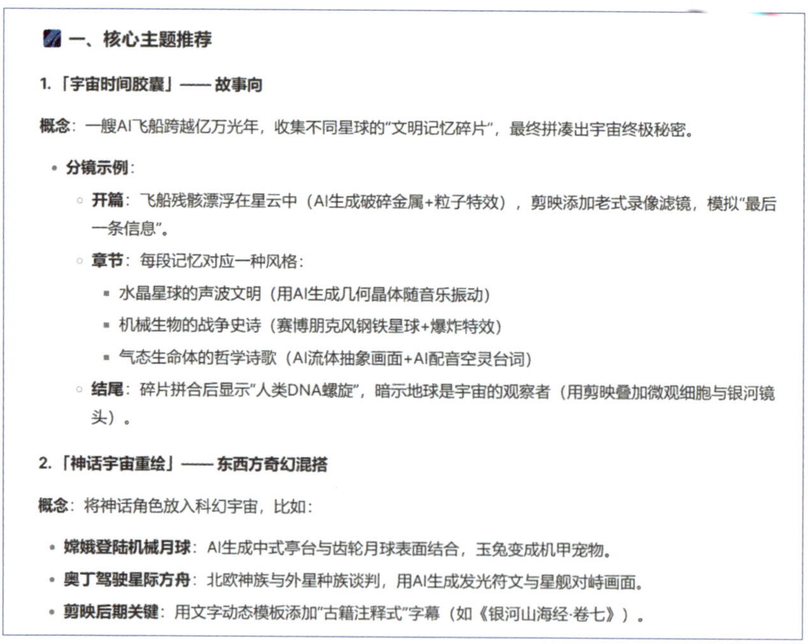

**一、核心主题推荐**

**1.「宇宙时间胶囊」—— 故事向**

**概念**：一艘AI飞船跨越亿万光年，收集不同星球的"文明记忆碎片"，最终拼凑出宇宙终极秘密。

- **分镜示例**：
  - **开篇**：飞船残骸漂浮在星云中（AI生成破碎金属+粒子特效），剪映添加老式录像滤镜，模拟"最后一条信息"。
  - **章节**：每段记忆对应一种风格：
    - 水晶星球的声波文明（用AI生成几何晶体随音乐振动）
    - 机械生物的战争史诗（赛博朋克风钢铁星球+爆炸特效）
    - 气态生命体的哲学诗歌（AI流体抽象画面+AI配音空灵台词）
  - **结尾**：碎片拼合后显示"人类DNA螺旋"，暗示地球是宇宙的观察者（用剪映叠加微观细胞与银河镜头）。

**2.「神话宇宙重绘」—— 东西方奇幻混搭**

**概念**：将神话角色放入科幻宇宙，比如：

- **嫦娥登陆机械月球**：AI生成中式亭台与齿轮月球表面结合，玉兔变成机甲宠物。
- **奥丁驾驶星际方舟**：北欧神族与外星种族谈判，用AI生成发光符文与星舰对峙画面。
- **剪映后期关键**：用文字动态模板添加"古籍注释式"字幕（如《银河山海经·卷七》）。

图 4-8　DeepSeek 对话（1）

除此之外，DeepSeek 也给出了一个不带剧情的简单制作版本——宇宙抽象艺术，该版本着重体现画面感，如图 4-9 所示。

**3.「宇宙抽象艺术」—— 无剧情纯体验**

**适合快速出片**：

- **黑洞芭蕾**：AI生成扭曲的恒星物质流，搭配剪映的慢动作+回旋特效，配古典乐。
- **色彩爆炸**：用可灵生成超新星爆发后的颜料流体（提示词：**ultra-detailed, nebula ink in water, 4K**）。
- **赛博佛经**：AI生成发光佛头悬浮于量子泡沫中，剪映添加电子诵经音效（冲突感美学）。

图 4-9　DeepSeek 对话（2）

同时，DeepSeek 对剪辑后期给出了建议方案，包括音效、文字特效、调色公式、转场等，如图 4-10 所示。

**✂ 二、剪映后期强化方案**

**1. 宇宙质感三要素**

- **音效**：
  - 低频轰鸣声（宇宙背景辐射）+ 玻璃破碎（小行星撞击）+ 电子合成音（外星信号）
  - 推荐剪映音效库搜索：**"科幻环境音" "星际穿越"**
- **文字特效**：
  - 用"故障字体"显示坐标（如：**Galaxy X-Ω ▇▇▇▇ LOADING...**）
  - 动态路径让文字如流星划过屏幕
- **调色公式**：
  - 青蓝色（宇宙冷感）+ 紫色高光（神秘感）+ 调高对比度（突出星球纹理）
  - 直接套用剪映"赛博朋克"滤镜，再手动加暗角

**2. 转场黑科技**

- **虫洞穿越**：用剪映"涡流"特效+速度曲线，模拟被吸入虫洞的扭曲感。
- **维度跳跃**：对同一场景生成两种AI画风（如写实→油画），用"模糊擦除"转场切换。

图 4-10　DeepSeek 对话（3）

在回答的末尾，DeepSeek 给出了一些比较新颖的主题，避免与其他同类型作品雷同，如图 4-11 所示。最后附有"避坑指南"，这些都是在创作视频过程中比较容易出现的典型错误。

### 三、备选脑洞（防撞车）

1. **宇宙垃圾分类指南**（幽默向）：
    - AI生成搞笑外星垃圾（比如会唱歌的陨石、黑洞吃撑打嗝），用剪映贴纸做“可回收/有害”标签。
2. **星座互联网大战**：
    - 射手座发射WiFi箭，双鱼座用海啸防火墙，把星座拟人化为黑客。
3. **宇宙便利店打工日记**：
    - 外星顾客吐槽：“这个反物质电池过期了”，收银员处理虫洞投诉（日常感+宇宙设定）。

---

### 避坑指南

1. **AI生成黑洞等复杂天体时**，输入 **“accurate accretion disk physics”** 避免画成普通旋涡。
2. **太空失重头发飘动**可灵可能画不好，建议改用头盔角色或能量体生命。
3. **剪映导出设置**：分辨率至少1080p，帧率60fps（避免星云移动卡顿）。

---

需要我帮你细化某个主题的分镜，或测试提示词效果吗？比如我可以提供一段“宇宙时间胶囊”的开场提示词清单 😉

图 4-11　DeepSeek 对话（4）

## 4.2 DeepSeek 辅助编写脚本，并生成对应提示词

了解创作主题以后，我们接下来就可以让 DeepSeek 帮我们设计更为具体的内容了，如图 4-12 所示。

① 使用 DeepSeek 生成整个视频脚本。我们可以这样提问：“帮我写一个关于宇宙与科幻的视频脚本，20 秒以内。内容包括了画面的描述，方便我给可灵 AI 生成。一共大概 4-5 个视频片段组成。”

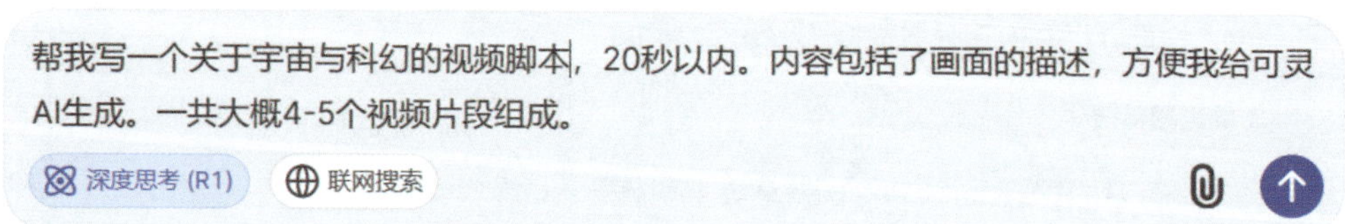


图 4-12　DeepSeek 对话（5）

DeepSeek 给出了包含时长的四个视觉段落，如图 4-13 所示。

② 使用 DeepSeek 生成方便可灵 AI 理解的提示词，如图 4-14 所示。

③ 将 DeepSeek 生成的提示词复制粘贴至可灵 AI，如图 4-15 所示。

以下是专为可灵AI生成优化的20秒科幻视频脚本，包含4个紧凑的视觉段落：

【片段1：星舰启航】（5秒）
▷深空背景布满紫色星云粒子
▷三角形钛合金星舰引擎启动，蓝光尾焰粒子飞溅
▷镜头急速推进穿过舰体防护罩（半透明能量波纹特效）

【片段2：虫洞穿越】（4秒）
▷第一视角穿越蓝紫色量子漩涡
▷空间扭曲中浮现数字矩阵代码流
▷突然撕裂出六边形结构的虫洞出口

【片段3：异星奇观】（5秒）
▷俯冲掠过漂浮的倒金字塔形外星城市
▷地面流淌着液态光河的荧光森林
▷巨型水晶簇随镜头移动折射彩虹光斑

【片段4：未来降临】（6秒）
▷急速拉升展现赛博朋克都市全貌
▷悬浮列车在玻璃穹顶建筑间穿梭
▷城市核心升起全息地球投影
▷结尾镜头定格在投影瞳孔反光处

注：每个场景建议添加动态镜头抖动和粒子光效增强沉浸感，冷色调为主（#0A2B5E基础色），关键元素使用#FF6BFF荧光色突出科幻感，推荐使用12帧/秒抽帧动画提升AI生成连贯性。

图 4-13　DeepSeek 对话（6）

谢谢你。把这四个片段分别生成中文提示词，方便我发给可灵AI。

深度思考 (R1)　联网搜索

图 4-14　DeepSeek 对话（7）

以下是为每个片段优化的中文AI生成提示词，包含关键视觉元素与参数设置：

【片段1提示词】
"深空背景中布满流动的紫色星云粒子，一艘三角形钛合金星舰尾部喷射出蓝色光焰，镜头急速推进时穿过半透明能量防护罩（波纹特效），动态粒子飞溅效果，冷色调（主色#0A2B5E），荧光元素（#FF6BFF），12帧/秒抽帧动画"

【片段2提示词】
"第一视角穿越旋转的蓝紫色量子虫洞，空间扭曲中出现流动的绿色数字代码，六边形白光出口突然撕裂空间，镜头剧烈抖动特效，冷色环境光搭配高饱和荧光色（#FF6BFF），粒子拖尾效果"

【片段3提示词】
"俯冲视角掠过漂浮的黑色倒金字塔外星城市，地面流淌发光蓝色液体河流，巨型粉色水晶簇折射彩虹光斑，荧光森林散发雾气，动态运动模糊处理，赛博朋克光影风格"

【片段4提示词】
"鸟瞰未来都市：玻璃穹顶建筑群与穿梭的橙色悬浮列车，城市中心升起全息地球投影，镜头推进至投影瞳孔反光特写，霓虹灯光污染效果，赛博朋克色调（主蓝+#FF6BFF点缀），12帧机械感动画"

每个提示词已整合镜头语言、核心元素与生成参数，建议用【】明确标注片段编号单独发送，可灵AI对明确的空间方位词（俯冲/鸟瞰/特写）和色彩代码识别度较高。

图 4-15　DeepSeek 对话（8）

# 4.3 可灵 AI 生成图片与视频片段，以及注意事项

## 4.3.1 钛合金星舰飞船

在文生图模式下，将 DeepSeek 生成的画面描述提示词复制到可灵 AI 中，如图 4-16 所示。需要注意当前是生成图片，而非直接生成视频。虽然可以直接生成视频，但是生成图片的效果更快，方便更早地观察到画面效果，有助于及时对提示词进行调整。

选择 16：9 的横屏模式。如图 4-17 所示。

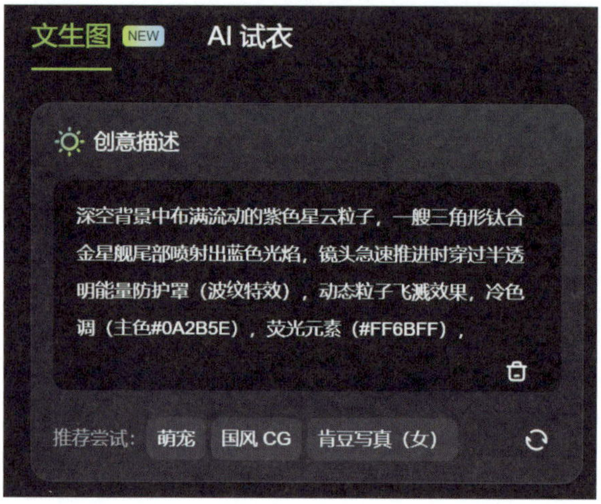


图 4-16　可灵 AI 文生图模式粘贴提示词

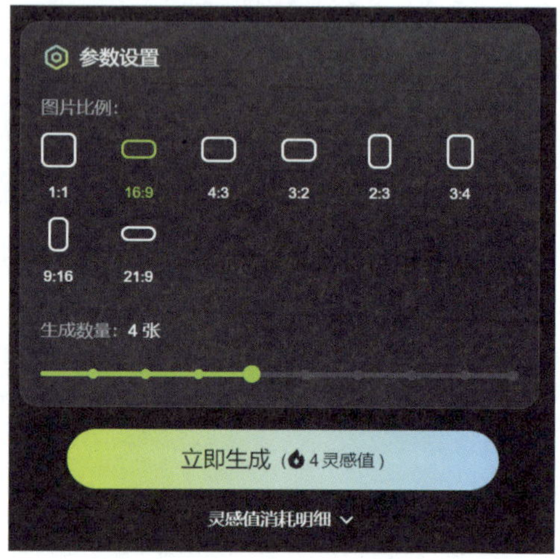


图 4-17　图片比例参数设置

可灵 AI 生成了四张备选图片，如图 4-18 所示。

图 4-18　生成备选图片

我们选择其中一个比较满意的方案，将鼠标悬浮在画面之上，会出现面板菜单。点击“生成视频”，如图 4-19 所示。

此时画面跳转到图生视频模式，如图 4-20 所示。参数设置详见 3.2 可灵 AI 视频。

图 4-19　面板菜单

图 4-20　图生视频

生成视频后的画面，流畅且震撼，视频效果截图如图 4-21 所示。

图 4-21

图 4-21　视频效果截图

### 4.3.2　穿越虫洞

首先将 4.2DeepSeek 生成的“片段 2 提示词”复制粘贴至可灵 AI 文生图创意描述中，生成参考图片，如图 4-22 所示。

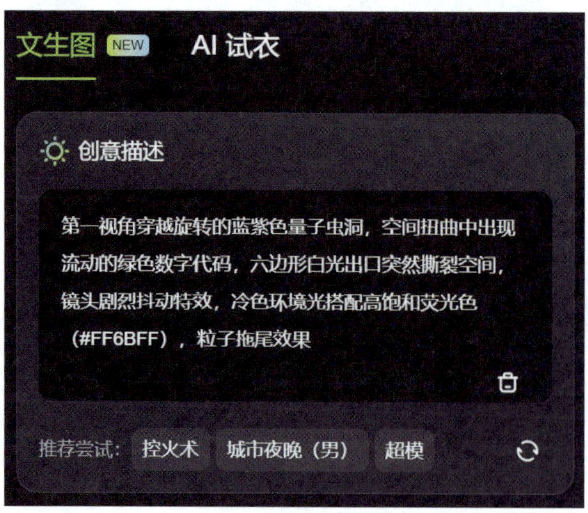


图 4-22　文生图

设置 16 ：9 图片比例，如图 4-23 所示。

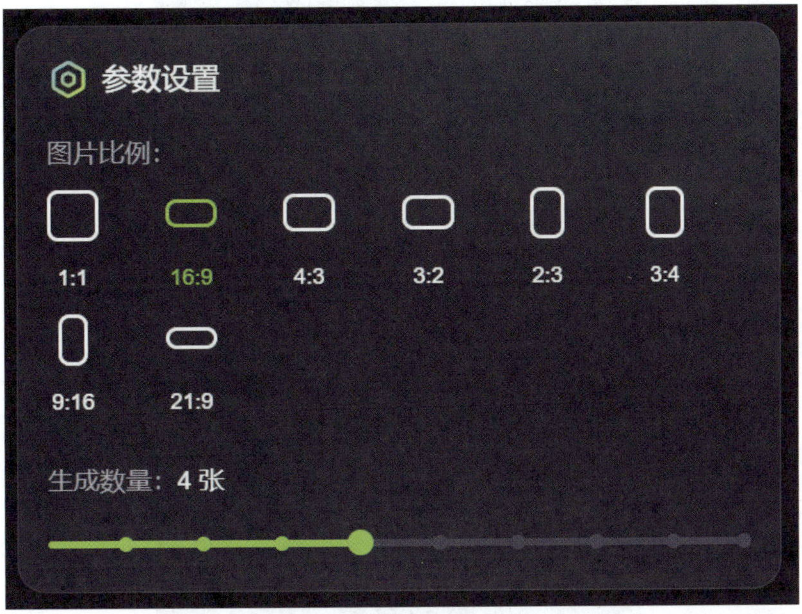


图 4-23　设置图片比例

可灵 AI 生成了 4 张备选图片，如图 4-24 所示。

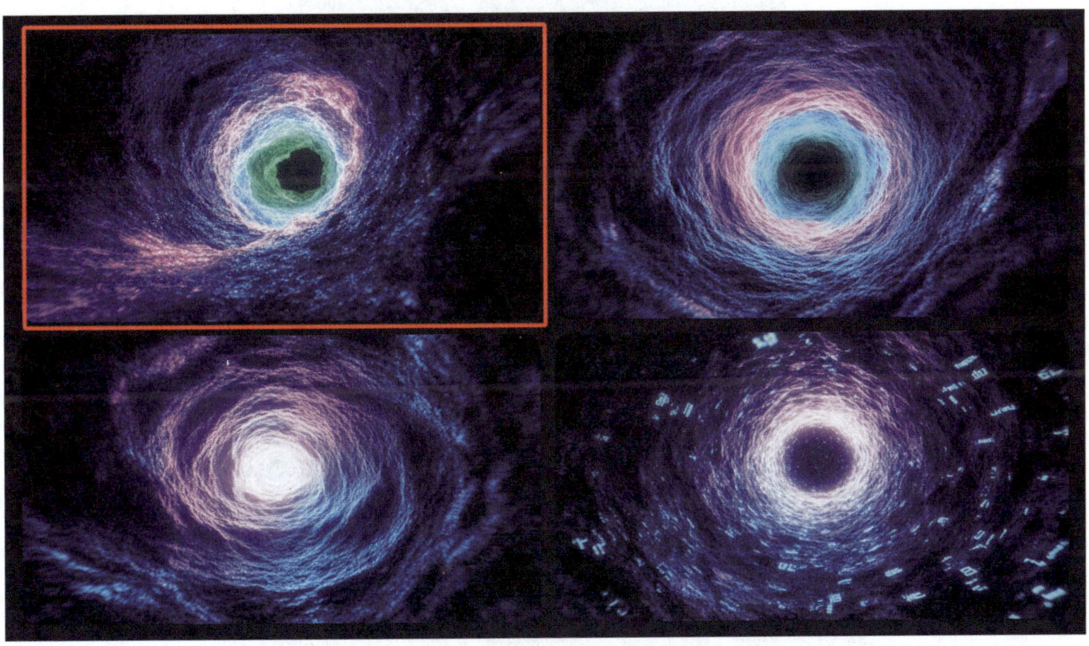

图 4-24　生成备选图片

辅助 AI 理解画面，如图 4-25 所示。

在图生视频的界面中，我们可以将刚才的提示词也复制进来，选择一张图片，点击“生成视频”菜单，进入图生视频界面，同时将“版段 2 提示词”粘贴至图片创意描述中。

图 4-25　图生视频

可灵 AI 生成了一个穿越虫洞视频，视频截图如图 4-26 所示。

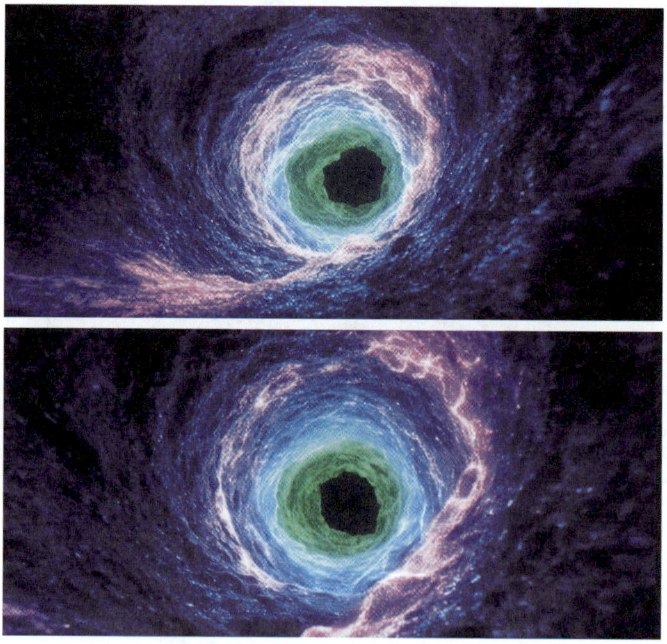

图 4-26　视频效果

### 4.3.3　宇宙文明黑色金字塔

首先将 4.2 节中 DeepSeek 生成的“片段 3 提示词”复制粘贴至可灵 AI 文生图创意描述中，生成参考图片，如图 4-27 所示。

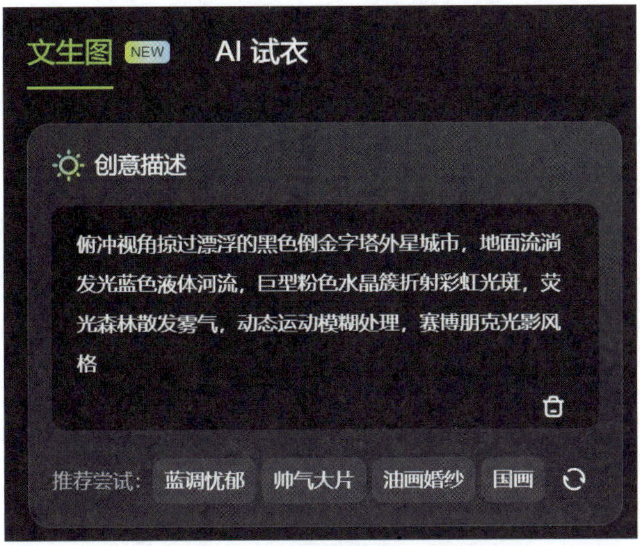


图 4-27　文生图

选择一张比较满意的图片生成视频，如图 4-28 所示。

设置参数保持默认，将“片段 3 提示词”粘贴至图片创意描述，如图 4-29 所示。

图 4-28　生成图片

图 4-29　图生视频

得到一个精致的动画视频，视频效果截图如图 4-30 所示。

图 4-30　视频效果截图

### 4.3.4　高速文明列车

首先将 4.2DeepSeek 生成的“片段 4”提示词复制粘贴至可灵 AI 文生图创意描述中，生成参考图片，如图 4-31 所示。

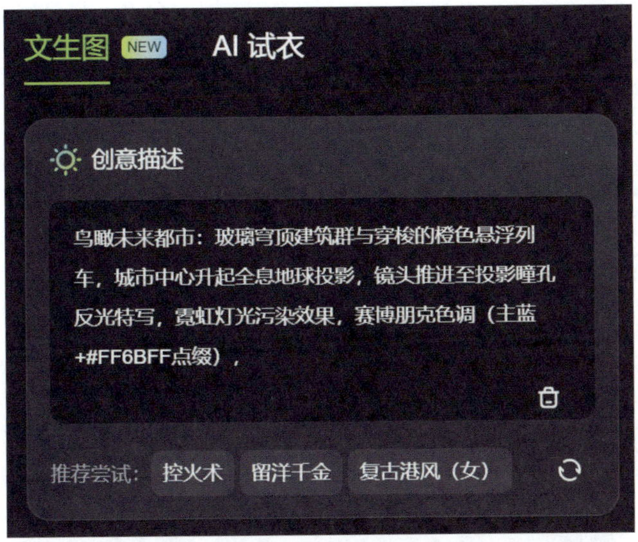


图 4-31　文生图

选中一张比较合适的图片，如图 4-32 所示。

图 4-32　选择图片

将选中图片转换为视频，设置参数保持默认，将“片段 4”提示词粘贴至图片创意描述中，如图 4-33 所示。

图 4-33　图生视频

生成视频后可将其保存到本地，视频效果截图如图 4-34 所示。

图 4-34　视频效果

## 4.4　剪映视频画面的后期制作：剪辑、配音、调色

制作好 4 个片段之后，我们需要利用后期软件将他们融合在一起，形成一个新的视频。在这个过程中，我们会给视频添加声音、转场、特效等内容。

### 4.4.1　导入素材

打开剪映，点击“开始创作”按钮，如图 4-35 所示。

图 4-35　剪映启动页

剪映工作界面如图 4-36 所示。

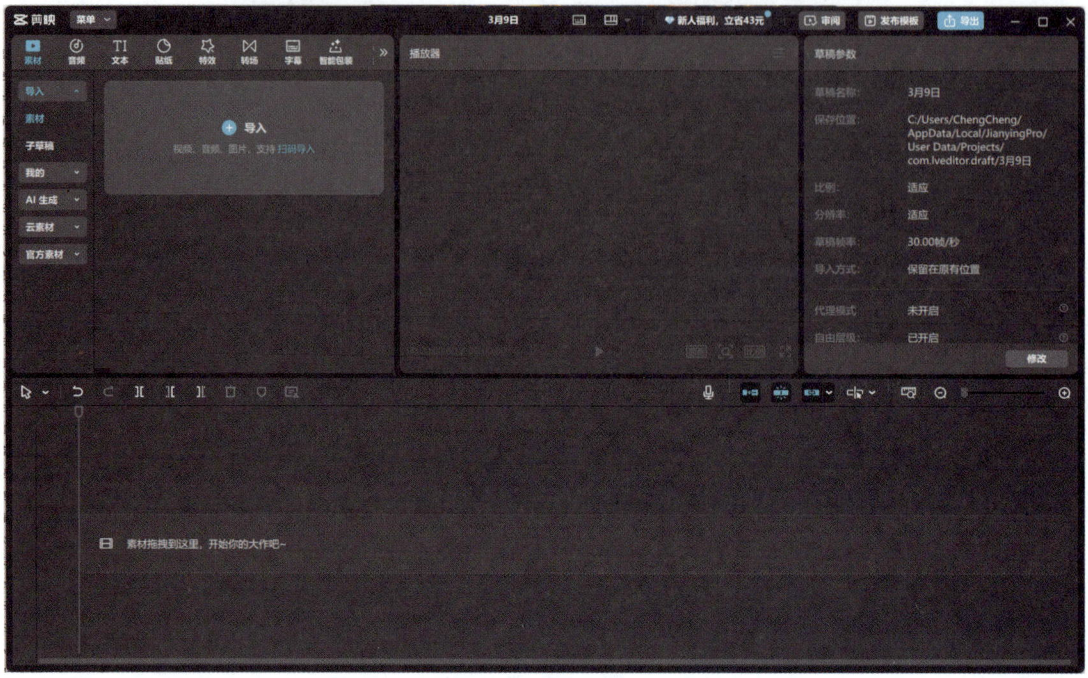


图 4-36　剪映工作界面

将刚才保存好的 4 个视频拖拽到剪映的素材面板之中，如图 4-37 所示。此时，在剪映的素材库中就能查看并且调用这些素材，如图 4-38 所示。

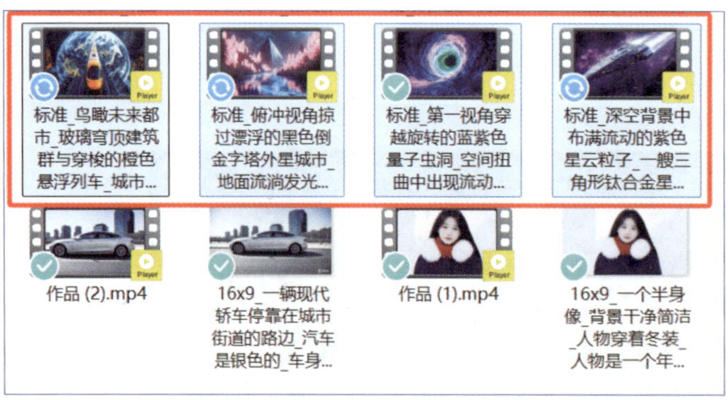


图 4-37　素材文件

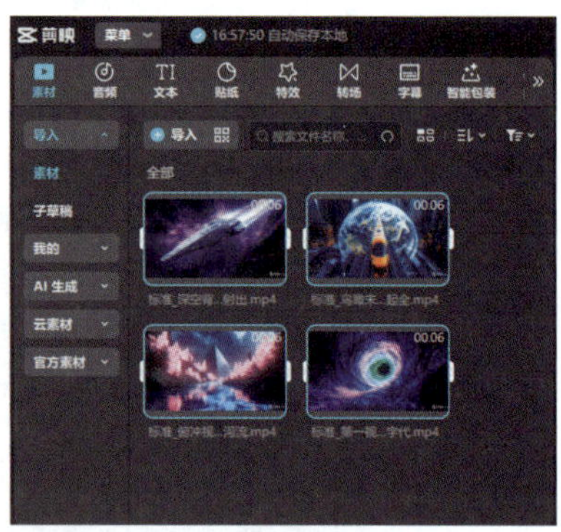


图 4-38　文件导入剪映

我们将这些素材拖拽到剪映的时间轴上，如图 4-39 所示。

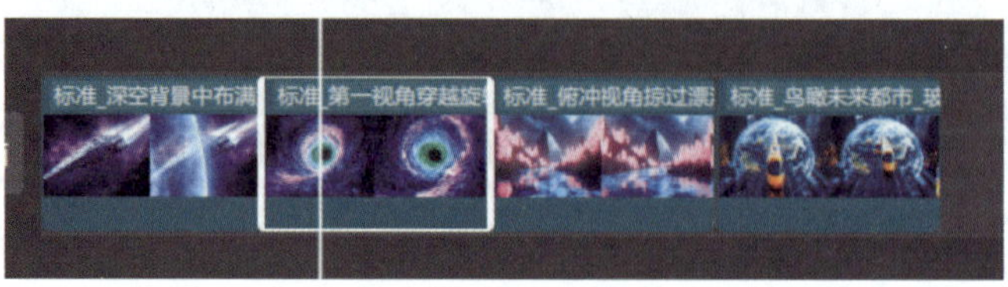


图 4-39　时间轴

### 4.4.2　音乐与音效

切换到剪映的“音频”面板，在音乐库中，选择一个科幻类型的背景音乐，添加到时间轴上，如图 4-40 所示。

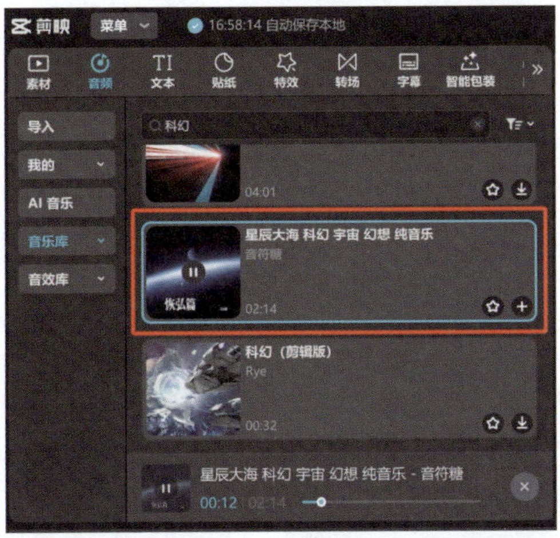


图 4-40　添加音乐

将指针拖拽到视频的末尾位置，如图 4-41 所示。

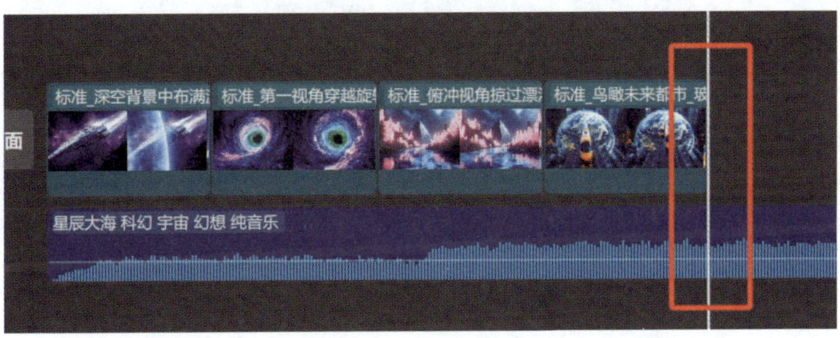


图 4-41　修剪音乐（1）

将刚才的背景音乐剪切成两段，并删除右侧的音频，如图 4-42 所示。

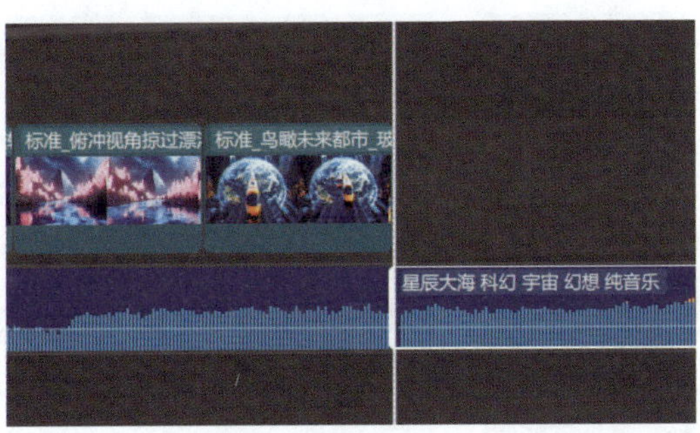


图 4-42　修剪音乐（2）

在右上角的属性面板中，我们将音频的音量降低，并且设置“淡出时长”为 5s，如图 4-43 所示。

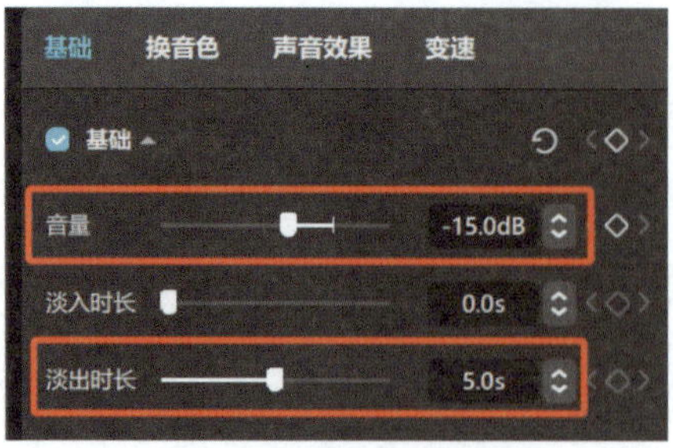


图 4-43　调整音乐

接下来，给视频添加音效。在音效库中手动搜索“脉冲”，选择 3 段合适的音效，添加到时间轴上，如图 4-44 所示。

将音效拖拽到如图 4-45 所示的位置。

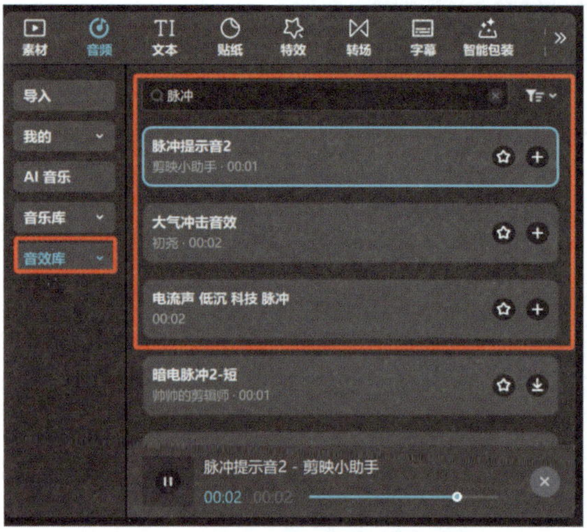


图 4-44　添加“脉冲”音效

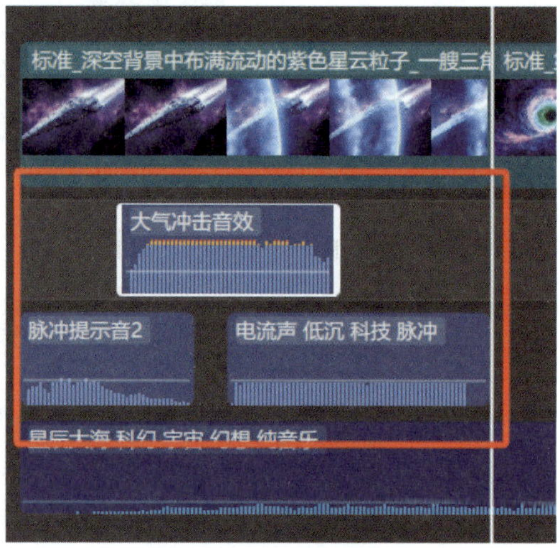


图 4-45　调整音效位置

在音效库中搜索“空灵”，选择 2 段音效，如图 4-46 所示。

将时间指针拖拽到第二个视频片段的末尾，然后剪辑并删除这部分，如图 4-47 所示。

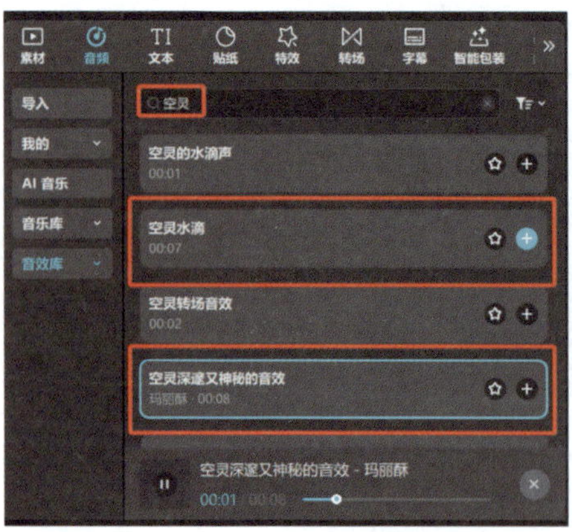


图 4-46　添加“空灵”音效

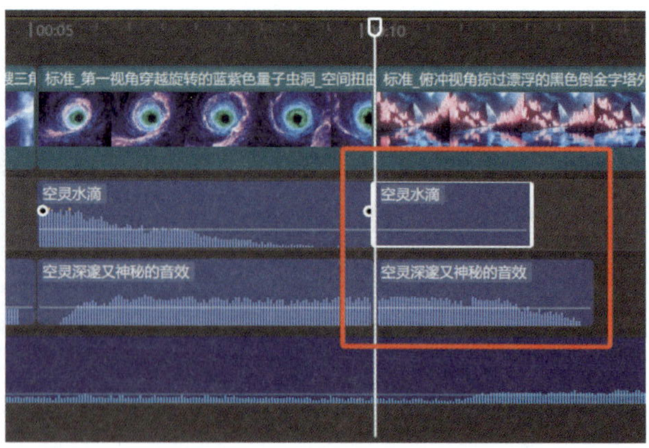


图 4-47　“剪辑”音效

搜索“神秘”音效，添加该音效到时间轴，如图 4-48 所示。

搜索“水流”音效，添加到时间轴上，如图 4-49 所示。

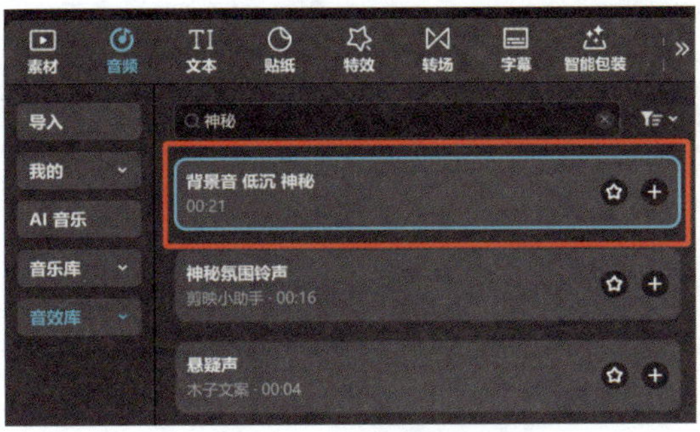


图 4-48　添加“神秘”音效

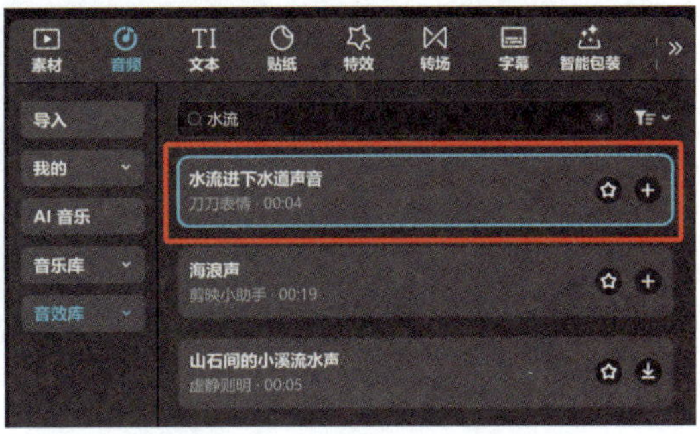


图 4-49　添加“水流”音效

将音效放置在“金字塔”视频片段的下方，如图 4-50 所示。

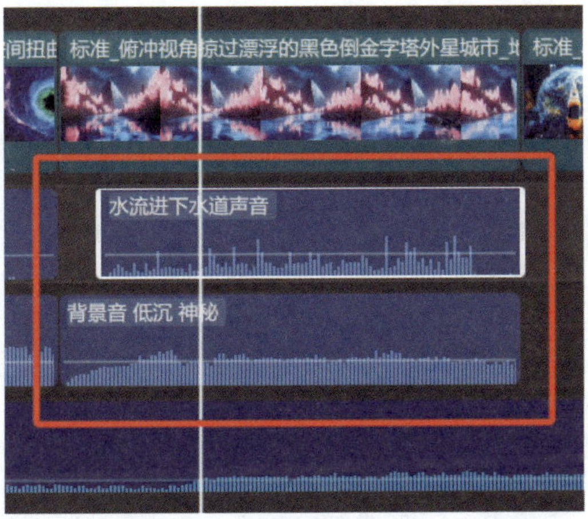


图 4-50　调整音效位置

再搜索“列车”音效，并添加到时间轴上，如图 4-51 所示。

将其添加到视频末尾处，并设置淡出效果，如图 4-52 所示。

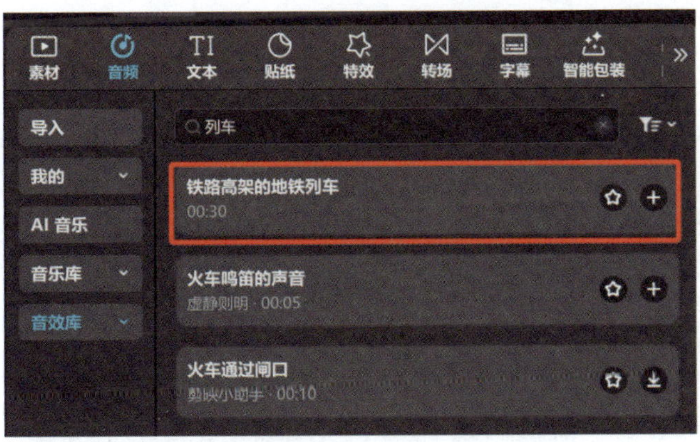


图 4-51　添加“列车”音效

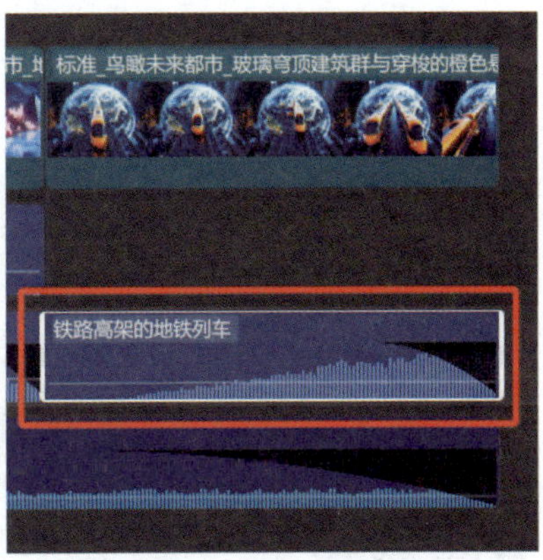


图 4-52　“列车”音效设置

至此，音乐与音效全部添加完成，如图 4-53 所示。

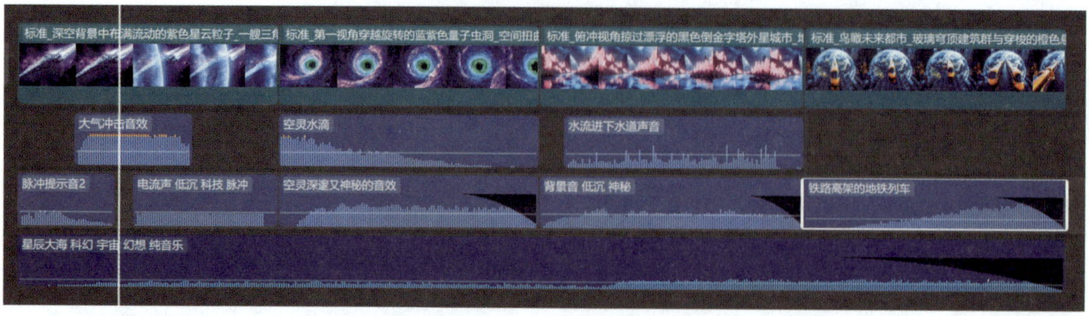


图 4-53 添加音效

### 4.4.3 特效

下面给画面添加“特效”。在“特效”面板的“热门”中，选择“梦幻辉光”特效，如图 4-54 所示。

图 4-54 添加“梦幻辉光”特效

添加到时间轴上，并与视频开头的位置对齐，如图 4-55 所示。

拖拽特效滑块，使其与第一个视频片段的时长保持一致，如图 4-56 所示。

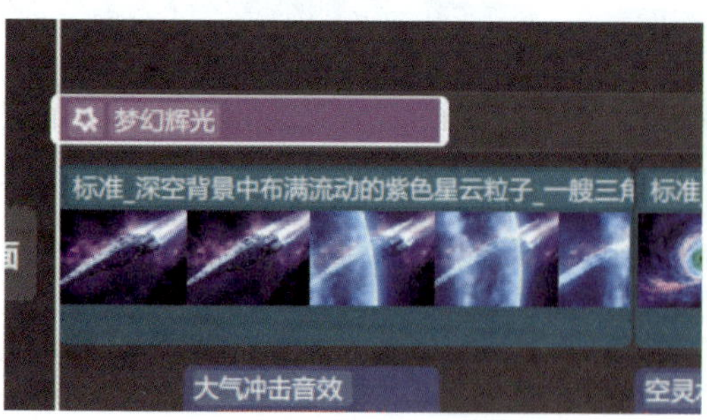


图 4-55 调整特效位置

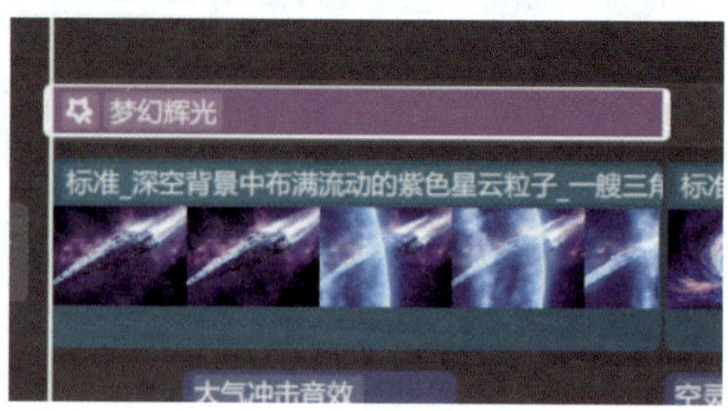


图 4-56 调整特效时长

在“特效”面板中，搜索“色差开幕”特效，添加到时间轴上，如图 4-57 所示。

图 4-57　添加“色差开幕”特效

并将其放在视频的开头位置，如图 4-58 所示。

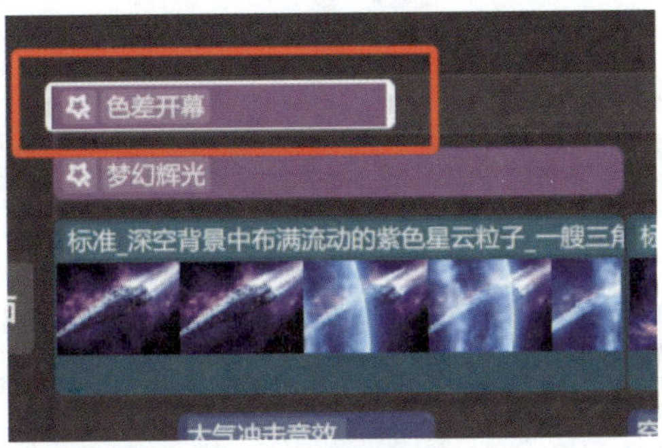


图 4-58　调整特效位置

我们将“梦幻辉光”特效的持续时间延长，让它保持从头到尾，如图 4-59 所示。

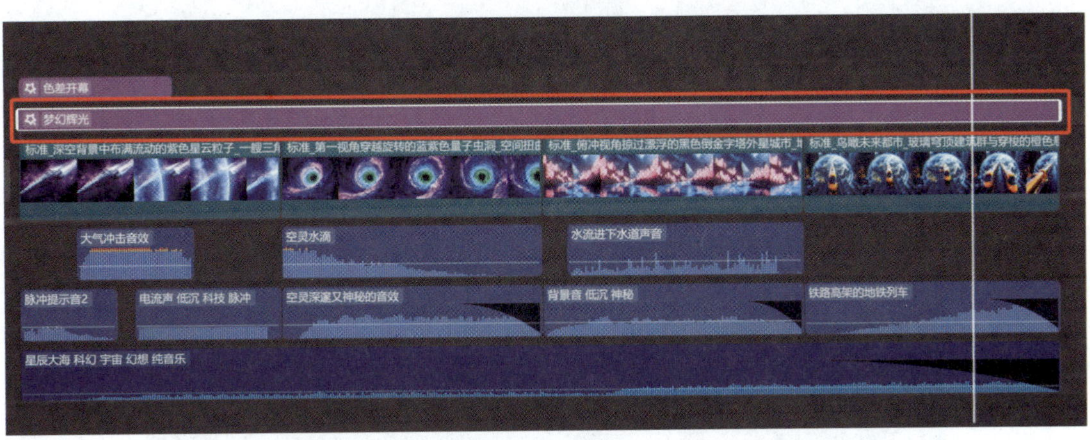


图 4-59　调整“梦幻辉光”特效时长

添加“心跳”特效，如图 4-60 所示。

让它与“虫洞”视频画面时长保持一致，如图 4-61 所示。

在右上角的设置面板中，将该特效的“速度”设置为 0，如图 4-62 所示。

添加“星夜”特效，如图 4-63 所示。

图 4-60 添加“心跳”特效

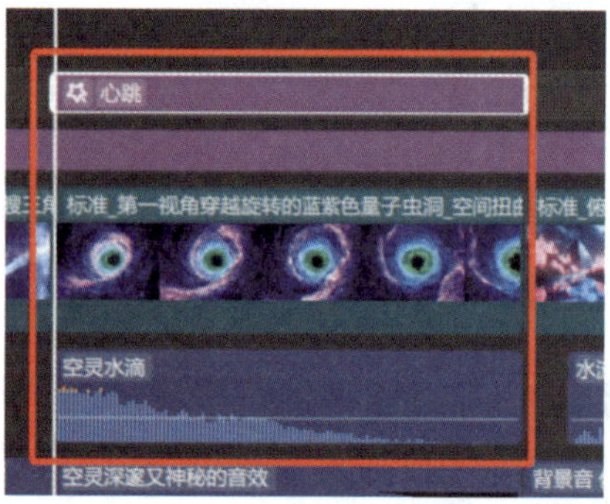


图 4-61 调整“心跳”特效时长

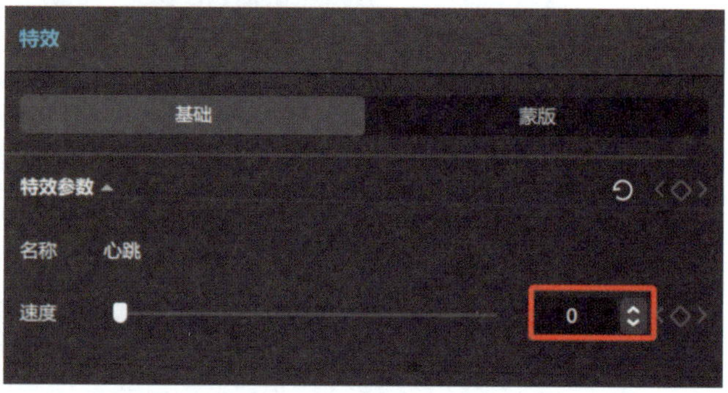


图 4-62 设置特效速度

图 4-63 添加“星夜”特效

让它与“金字塔”的视频片段时长保持一致，如图 4-64 所示。

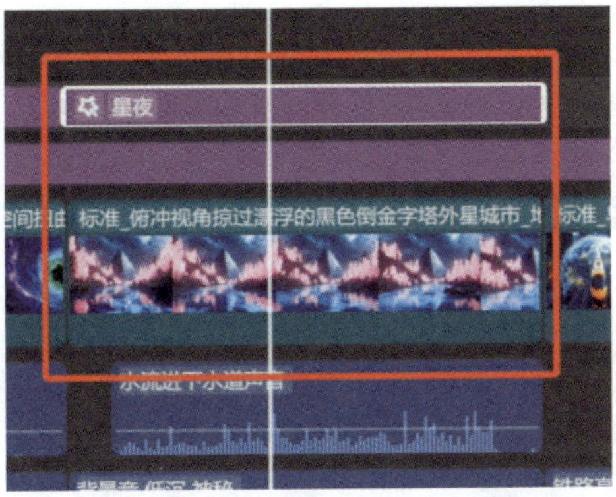


图 4-64　调整“金字塔”特效时长

添加“星火”特效，如图 4-65 所示。

图 4-65　添加“星火”特效

让它与最后的列车视频片段时长保持一致，如图 4-66 所示。

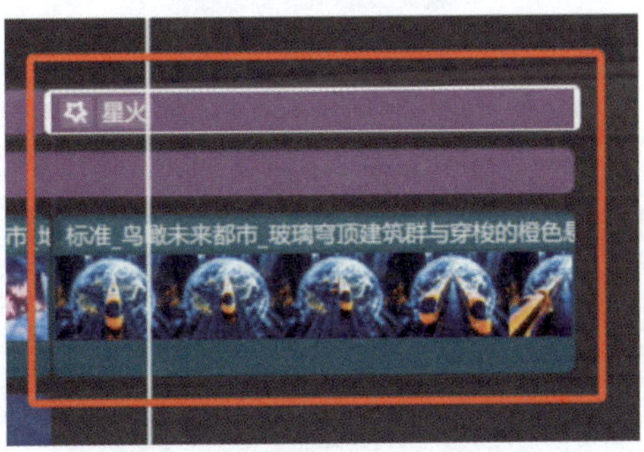


图 4-66　调整“星火”特效时长

### 4.4.4　转场

下面，我们给视频添加“转场”效果。切换到“转场”面板。添加“模糊放大”转场效果到时间轴，如图 4-67 所示。

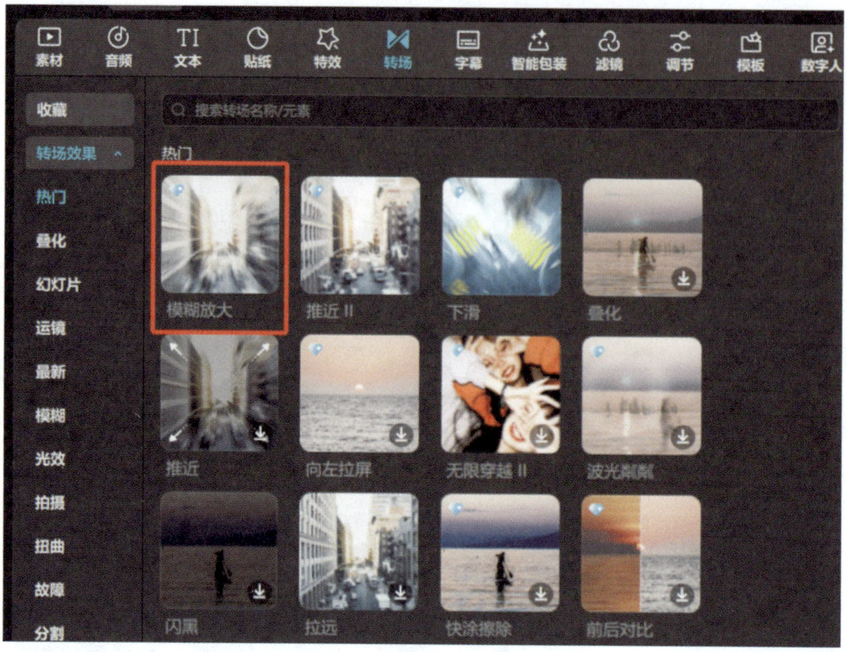


图 4-67　添加“模糊放大”转场

转场需要添加到视频与视频之间的位置，如图 4-68 所示。

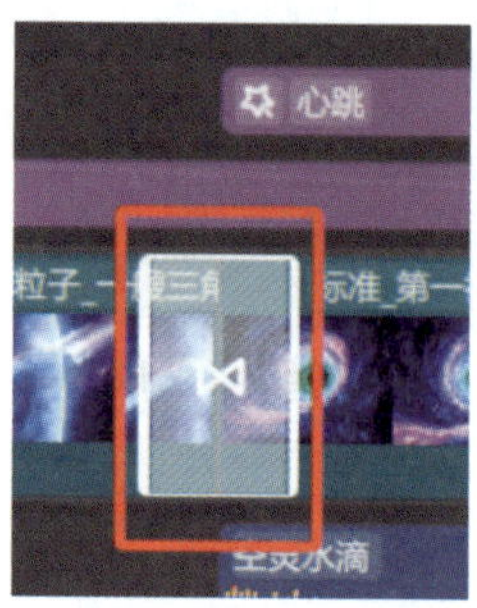


图 4-68　添加转场位置

我们可以在右上角的设置面板中，手动修改转场的持续时间，如图 4-69 所示。

图 4-69　修改转场时长

再次添加一个“快涂抹擦”特效，到黑洞与金字塔视频片段之间，如图 4-70 所示。

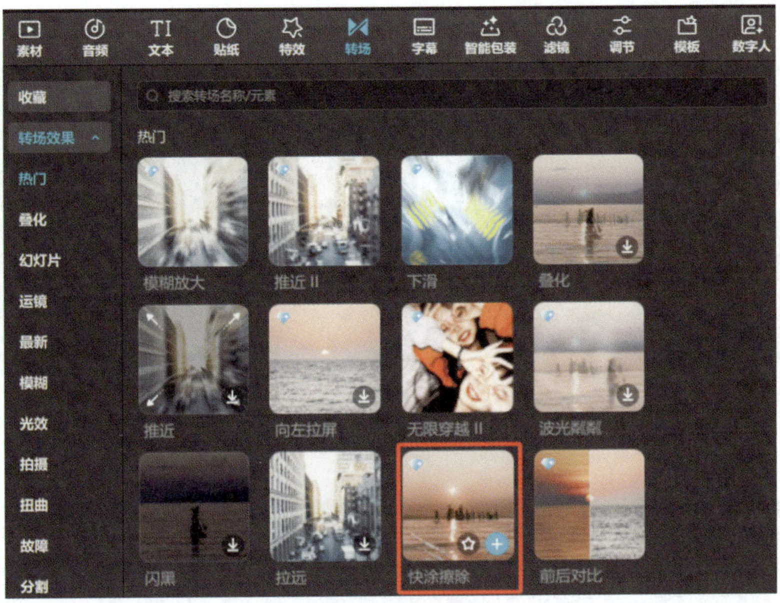

图 4-70　添加“快涂抹擦”特效

添加效果如图 4-71 所示。

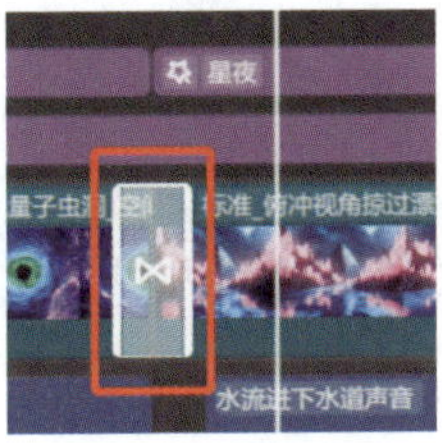

图 4-71　添加转场效果（1）

添加“推近”特效到金字塔与列车片段之间，如图 4-72 所示。
添加效果如图 4-73 所示。

图 4-72　添加“推近”转场

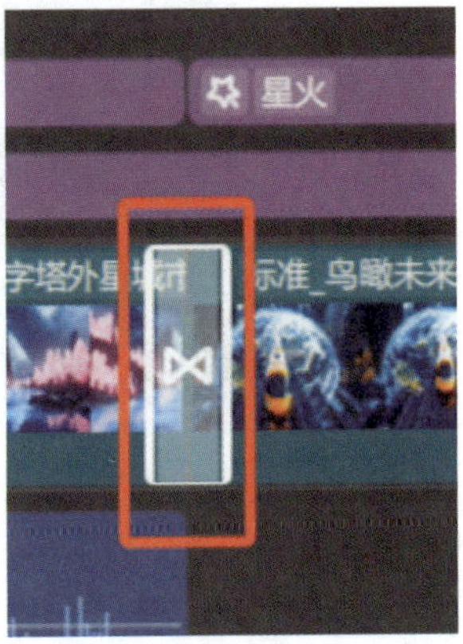

图 4-73　添加转场效果（2）

### 4.4.5 自定义调节

选择“调节”面板，将其添加到时间轴上，如图 4-74 所示。

图 4-74 添加“调节”面板

然后将其拉伸，让它覆盖整个视频时长，如图 4-75 所示。

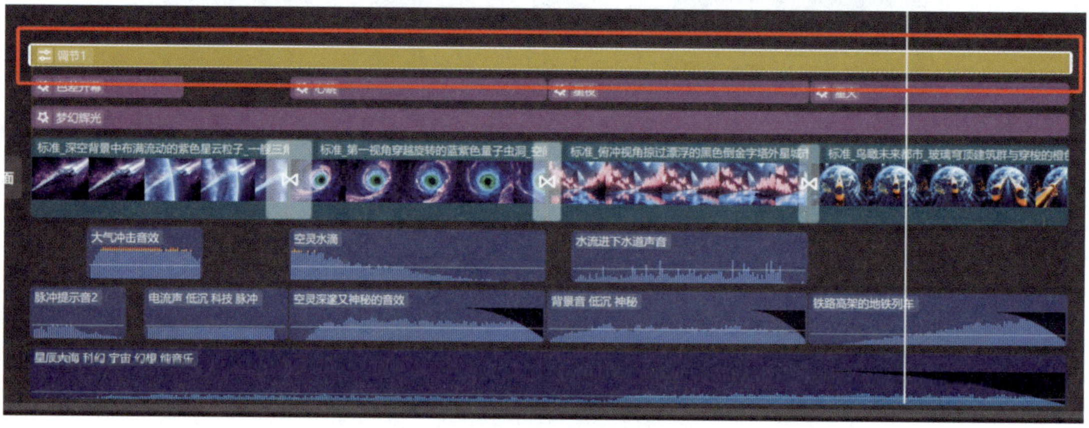


图 4-75 调整“调节”图层时长

在右上角的设置面板中，我们可以利用这个调节功能，修改整个视频的色调，如图 4-76 所示。

图 4-76 修改视频色调

修改清晰、颗粒、暗角参数，如图 4-77 所示。

在时间轴上，点击“封面”按钮，给视频添加一个封面画面，如图 4-78 所示。

选择一个宇宙飞船的画面作为视频封面，如图 4-79 所示。

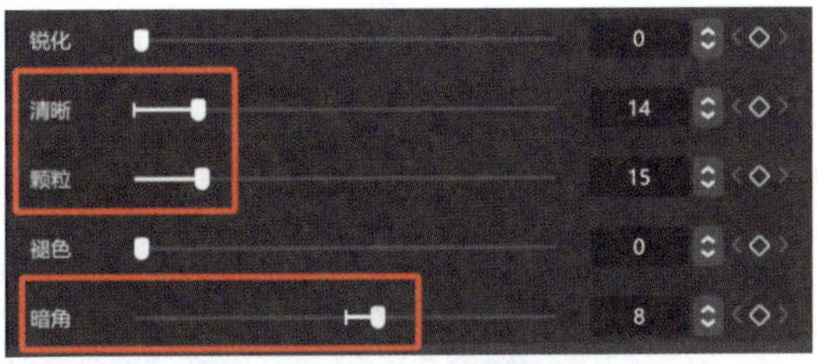


图 4-77　修改清晰、颗粒、暗角参数

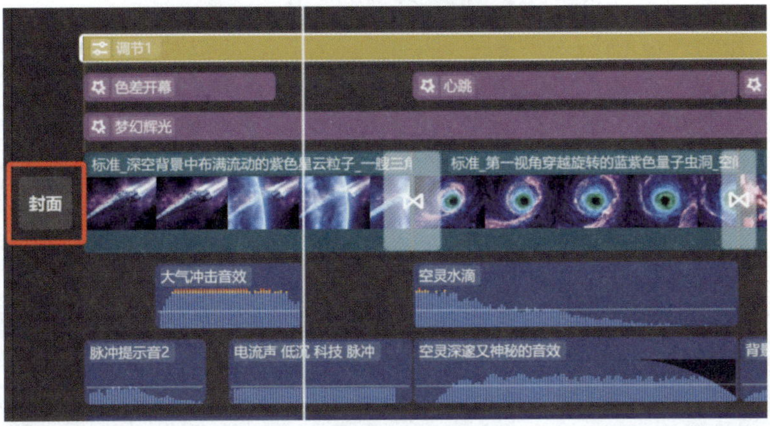


图 4-78　点击“封面”按钮

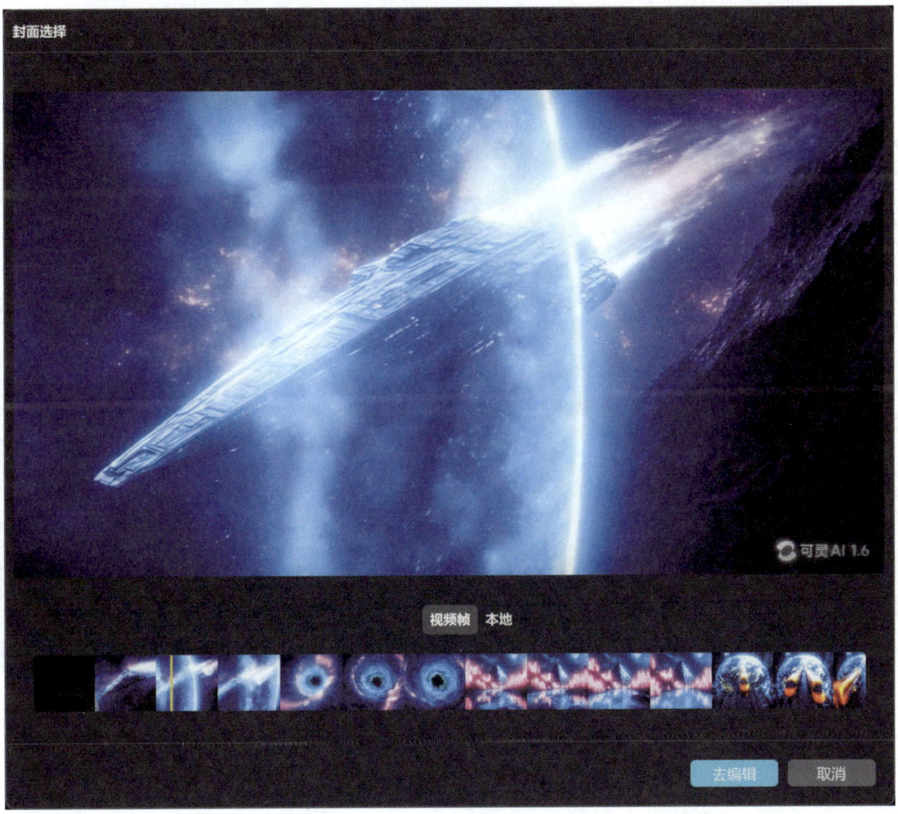


图 4-79　选择并设置视频封面

### 4.4.6 导出与发布作品

点击剪映右上角的“导出”按钮，如图 4-80 所示。

我们进一步编辑封面，如图 4-81 所示。

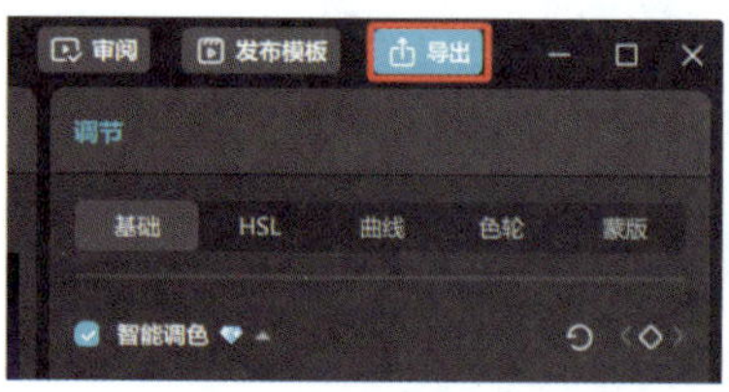


图 4-80 导出

图 4-81 进一步编辑视频封面

在剪映中，我们可以选择一些文本模板，丰富封面效果，如图 4-82 所示。

图 4-82 视频封面文本模板

添加一个预设好的效果到封面，如图 4-83 所示。

完成以后，就可以导出视频，如图 4-84 所示。

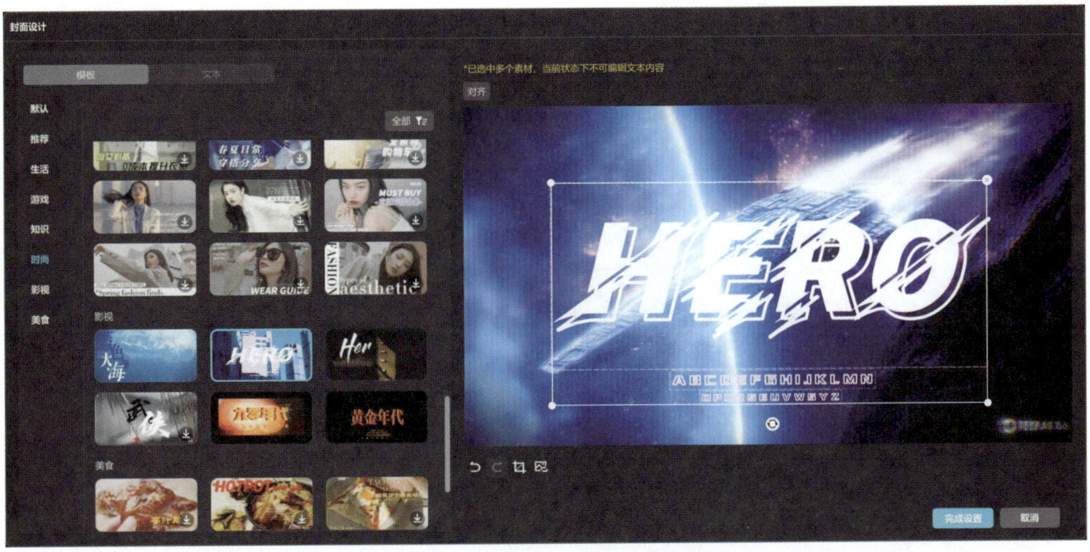


图 4-83　添加文本模板到视频封面

图 4-84　导出视频

导出视频所需时间不同，主要由视频复杂程度、视频时长、电脑性能等因素决定，如图 4-85 所示。

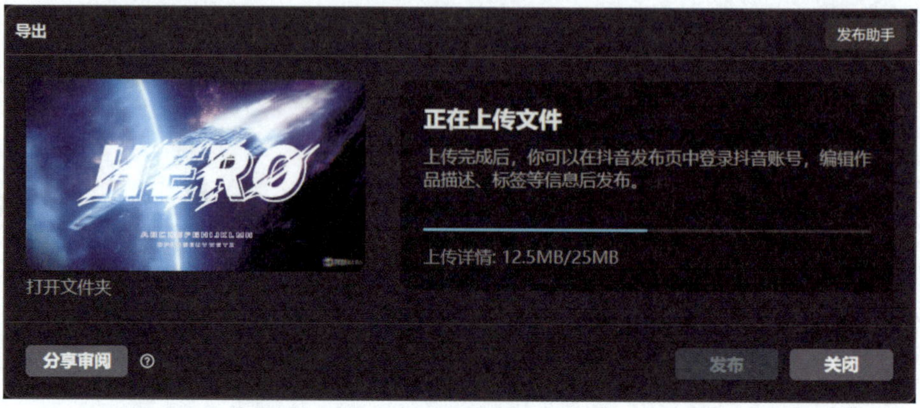


图 4-85　导出视频过程

导出完成以后，我们可以将其发送到抖音平台，如图 4-86 所示。

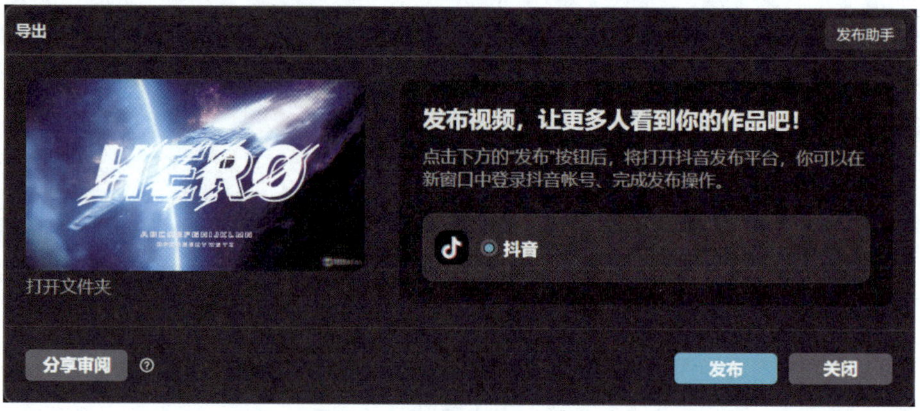


图 4-86　分享视频至抖音平台

第 5 章

# 即梦 AI 全面进阶应用

## 5.1 灵感探索

即梦 AI 是一个功能非常完善的 AI 媒体平台，可用来创作图片、视频、数字人、音乐等。除此之外，即梦 AI 还有一个非常方便和核心的功能，即与 DeepSeek 和剪映配合，实现 AI 视频后期制作。

下图是即梦的首页，包含绝大多数的功能模块，以及展现使用即梦 AI 制作的作品，如图 5-1 所示。

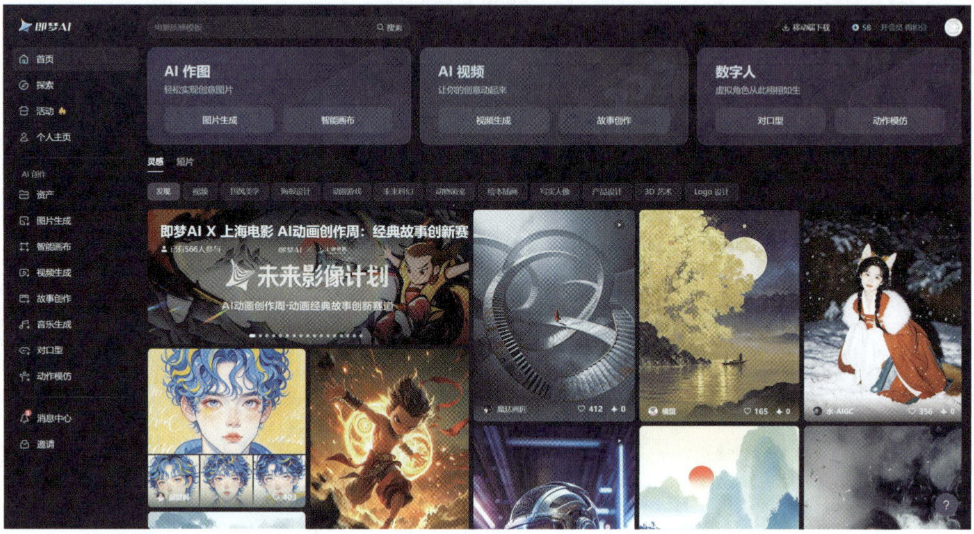


图 5-1　即梦 AI 首页

下滑页面以后，可以进入沉浸的浏览方式，欣赏即梦 AI 制作的图片、视频内容，如图 5-2 所示。

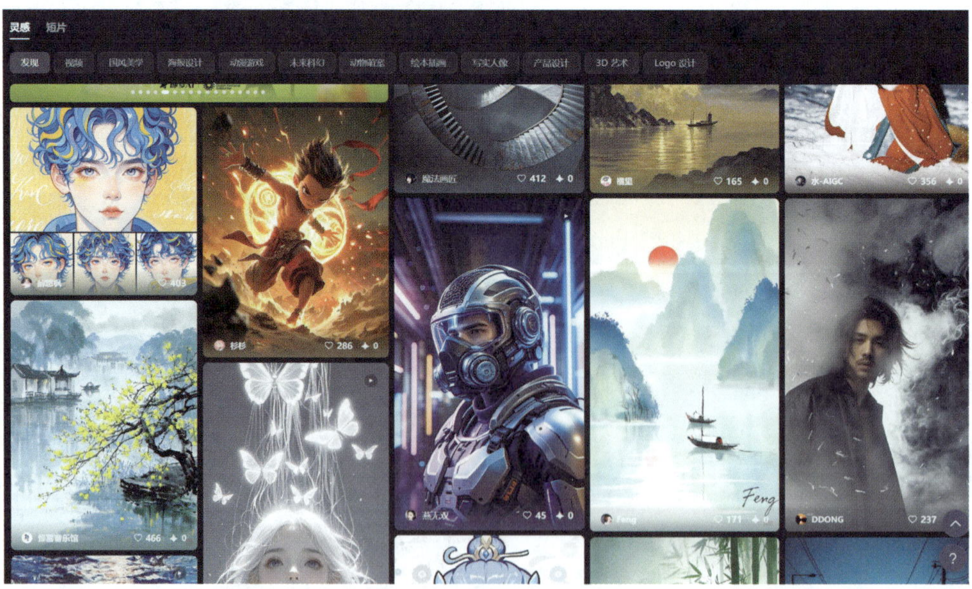


图 5-2　即梦 AI 作品展示

鼠标悬浮在某一个作品上，会弹出包含作者和作品介绍、点赞按钮等信息，以及“做同款”按钮，点击以后，会快速弹出工作页面，如图 5-3 所示。

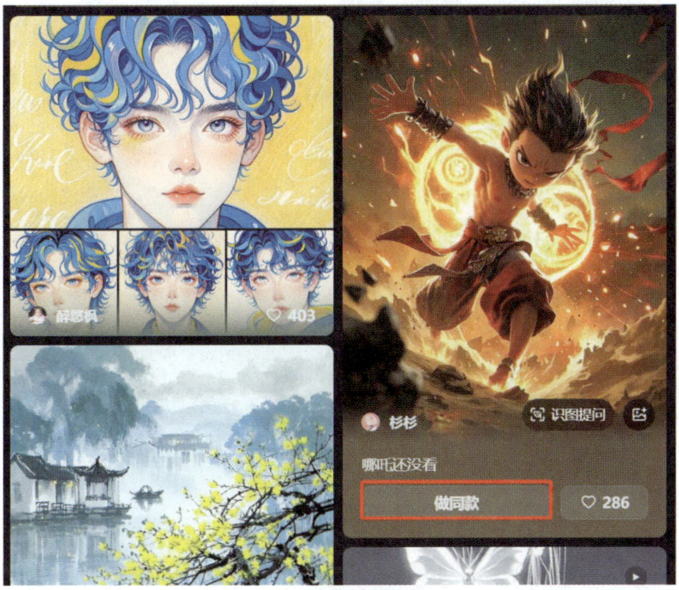


图 5-3　做同款画面展示

相关的设置已经被填写好，我们只需要点击右下角的“立即生成”按钮，即可一键制作同款，如图 5-4 所示。

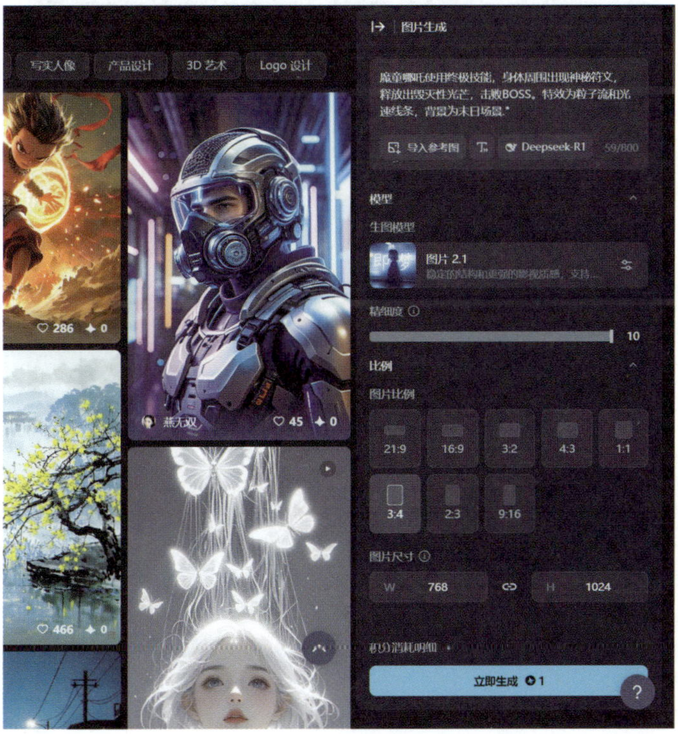


图 5-4　立即生成同款

点击完成后，即梦 AI 生成了 4 个备选方案，如图 5-5 所示。

图 5-5　备选方案

选中其中的一张下载即可，如图 5-6 所示。

图 5-6　选择目标图片下载

默认情况下，页面显示为“灵感”选项卡中的内容，如图 5-7 所示。可以在顶部将其切换为“短片”选项卡，此时会展现使用即梦 AI 制作好的精美短片。

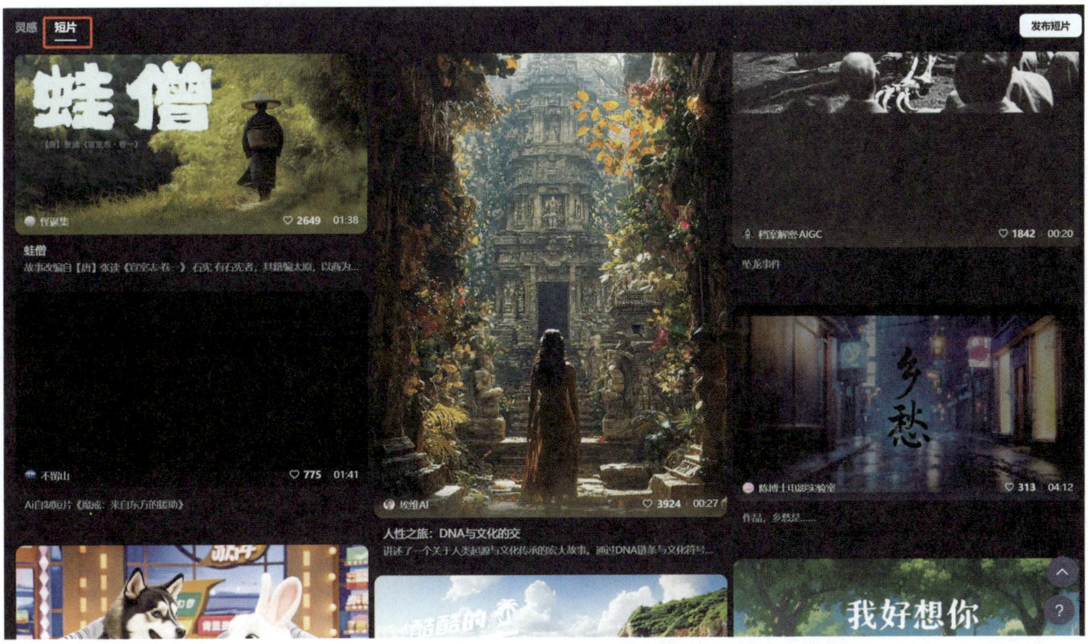


图 5-7　切换“短片选项卡”

点击其中的一个作品，我们可以查看短片详情，如图 5-8 所示。

图 5-8　短片详情

## 5.2　即梦 AI 与 DeepSeek 作图

### 5.2.1　图片生成：简单好用，效果惊艳

下面，我们正式进入即梦 AI 作图，在首页的“AI 作图”的选项卡中，点击“图片生成”

按钮，如图 5-9 所示。

AI 生图需要在文本框中填写提示词，为了降低写提示词的门槛，即梦 AI 不仅提供了一些提示词范例，同时还内置了 DeepSeek 辅助写提示词，如图 5-10 所示。

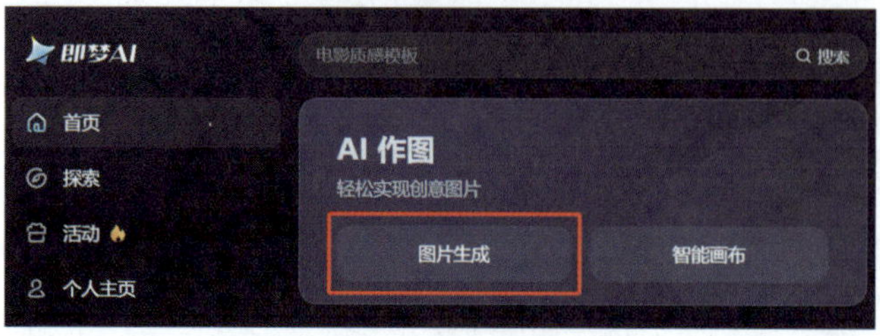


图 5-9　图片生成

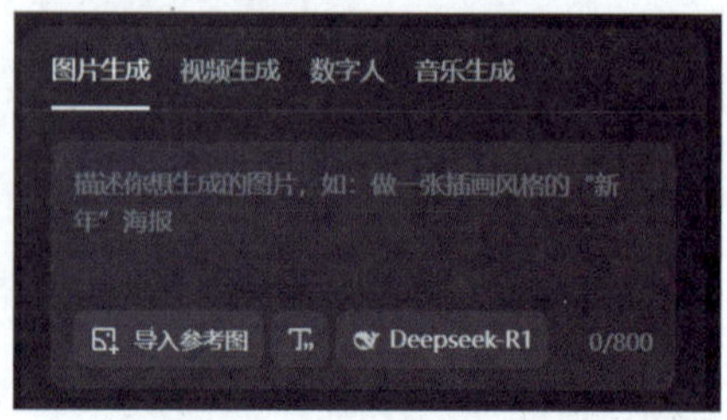


图 5-10　提示词填写

## 5.2.2　搭配 DeepSeek 文生图

让我们来一起学习即梦 AI 配合 DeepSeek 的文生图功能，点击“DeepSeek-R1”按钮，如图 5-11 所示。

此时，文本框会转变成与 DeepSeek 对话的窗口，如图 5-12 所示。在这里可以向 DeepSeek 输入提示词的要求。

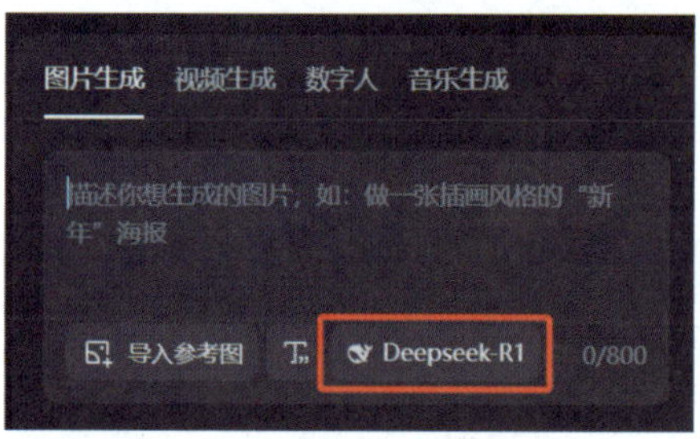


图 5-11　“DeepSeek-R1”按钮

图 5-12　与 DeepSeek 对话

默认情况下，即梦 AI 使用的是最新的生图模型，模型参数保持默认即可，如图 5-13 所示。

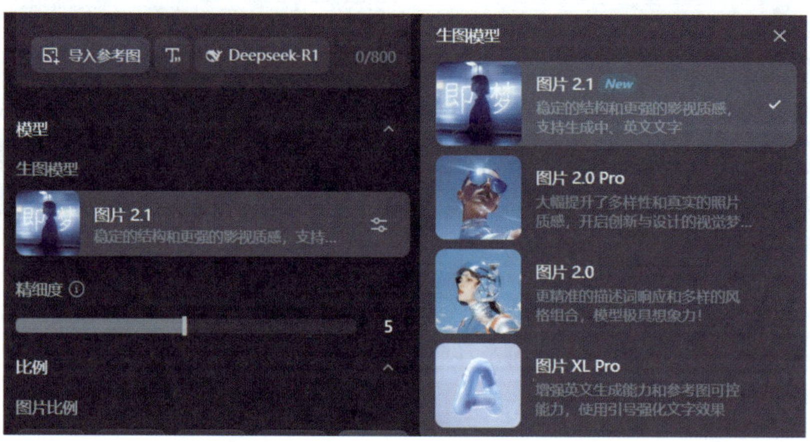


图 5-13　生图模型

图片的精细度也可以调整，精细度越高，图片质量也越高，如图 5-14 所示。默认值为 5。即梦 AI 提供了常用的一些图片比例，点击对应的图标即可切换图片比例，默认是 1：1 正方形的图片，下方也可以精细化地设置图片的具体像素宽高。

我们在文本框中输入一个简短的提示词，如图 5-15 所示。

使用 DeepSeek 来辅助补充提示词的细节，让这个提示词更具体，如图 5-16 所示。

等待片刻以后，DeepSeek 为我们生成了若干个新的提示词，如图 5-17 所示。这些是基于之前我们手动输入的内容新生成的提示词。在每个新生成的提示词下方，有两个按钮，一个是“立即生成”一个是“修改”。

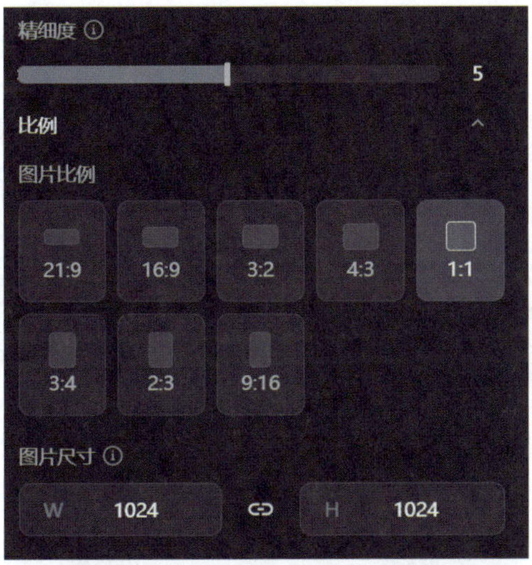


图 5-14　精细度与视频比例设置

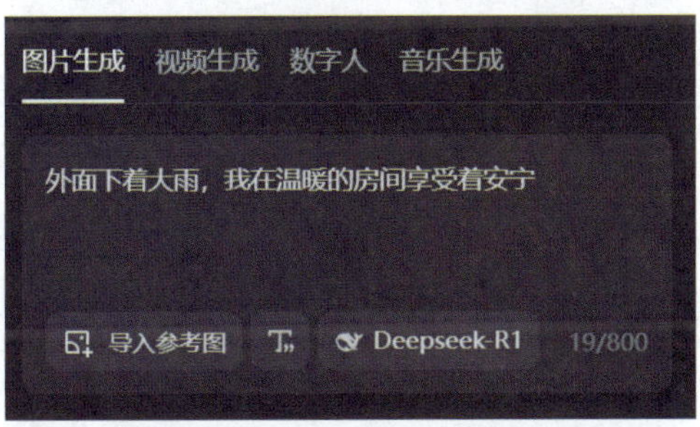


图 5-15　输入简短提示词

图 5-16　润色提示词

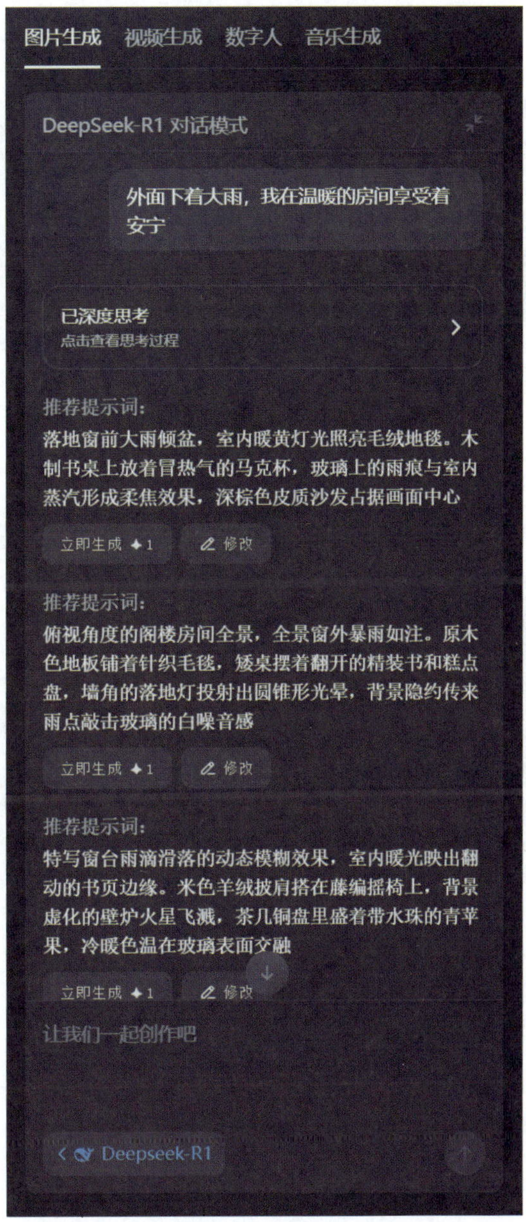


图 5-17　DeepSeek 生成提示词

点击“修改”，便可以基于这个生成的提示词，手动调整里面的内容，如图 5-18 所示。

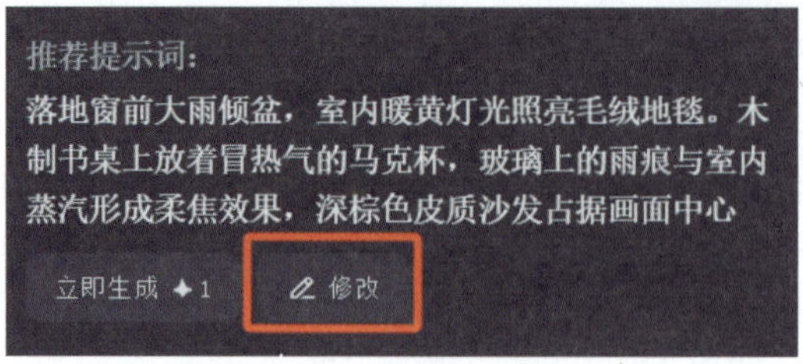


图 5-18　修改提示词（1）

比如我们把“浅色毛茸茸的”内容删除，再点击“确认”按钮，如图 5-19 所示。

再点击“立即生成”按钮，如图 5-20 所示。

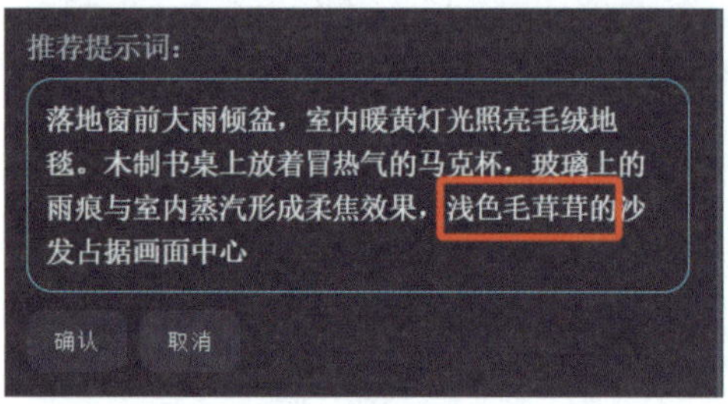


图 5-19　修改提示词（2）

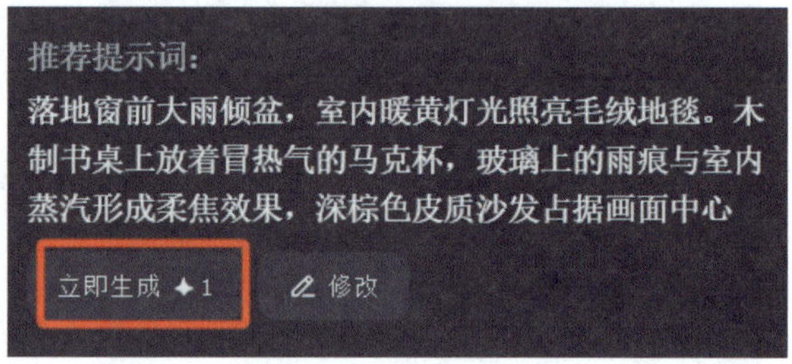


图 5-20　生成图片（1）

此时，即梦 AI 为我们生成了四张图片，如图 5-21 所示。

图 5-21　图片生成结果

点击其中的一张，该图将会被放大，右上方会显示这张图片的详细参数：提示词、模型、比例等，如图 5-22 所示。右下方为图片编辑工具。

点击“发布”按钮，可以将该图片分享到社区，让更多的创作者看到，如图 5-23 所示。

发布作品之前，需要填写“作品描述”，填写完成以后，就可以点击“发布”按钮了，如图 5-24 所示。

刚才 DeepSeek 一次性为我们生成了若干个提示词的备选方案，我们可以尝试其他的方案，如图 5-25 所示。点击提示词下方的“立即生成”按钮。

图 5-22　图片详情

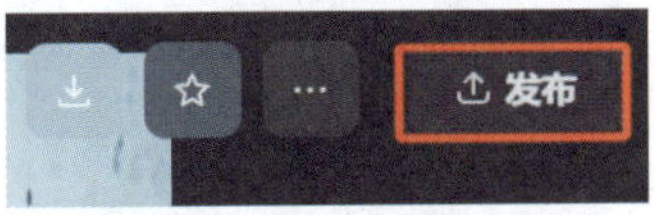


图 5-23　点击“发布”按钮

图 5-24　发布作品

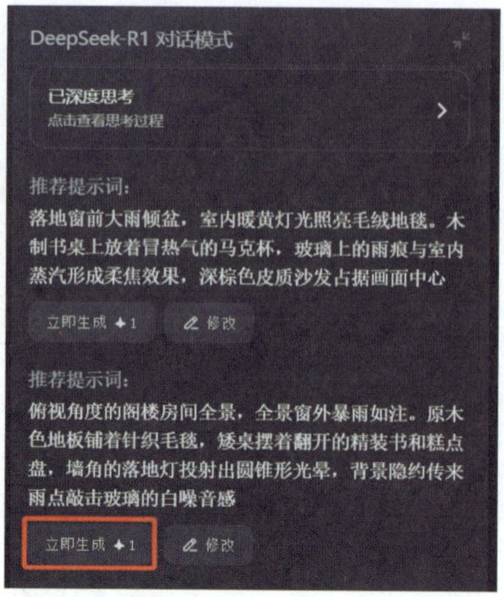


图 5-25　生成图片（2）

此时即梦 AI 为我们生成全新的四张备选方案图，如图 5-26 所示。

图 5-26　图片备选方案

### 5.2.3　全功能 AI 图像处理：细节修复、局部重绘、扩图、超清处理、消除笔等

将鼠标悬浮在某一张图片上，会出现工具栏，如图 5-27 所示。右上方的工具栏可以发布、下载、收藏图片，右下角则是图片编辑工具。

图 5-27　图片编辑工具

接下来，我们将重点讲解图片编辑工具的用法。

点击图片，会跳转到详情页，这个页面的右下角，也会有同样的工具栏，如图 5-28 所示。点击“细节修复”按钮，可以修复之前图片一些不自然的细节。

图 5-28　细节修复

现在我们来尝试“局部重绘”这个功能。这个功能实际上是在画面的某个位置标记出来一个区域，然后让 AI 帮忙重新绘制这部分内容，如图 5-29 所示。

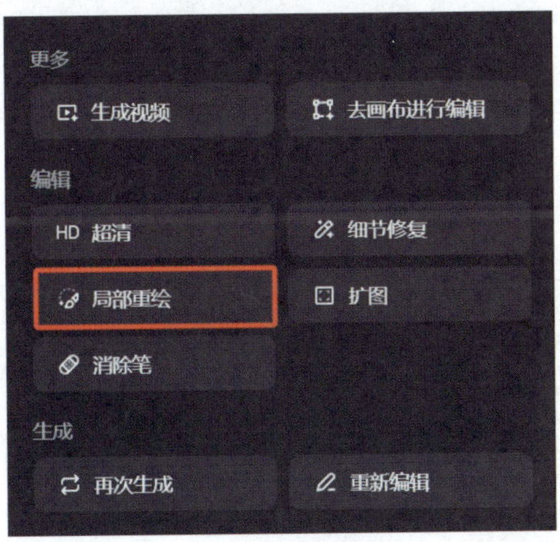


图 5-29　局部重绘按钮

点击“局部重绘”按钮以后，会弹出一些工具，如图 5-30 所示。

我们用默认的笔刷工具涂抹角落的这只猫咪，在下方的文本框中输入“一盆植物”，再点击“立即生成”按钮，如图 5-31 所示。

图 5-30　局部重绘（1）

图 5-31　局部重绘（2）

即梦 AI 会生成四张备选方案供我们选择，如图 5-32 所示。

图 5-32　备选方案

选中一张备选方案点击打开，可以看到，右侧的猫咪被替换成了一盆绿色植物，如图 5-33 所示。

图 5-33　生成结果

如果对当前画面比较满意，不妨试试“超清”功能。这个功能可以让画面细节更加清晰，如图 5-34 所示。只需要点击“超清”按钮即可完成画质升级。

图 5-34　升级图片画质

值得注意的是，已经被升级的图片不能再次升级画质，如图 5-35 所示。不能反复为一张图升级画质。

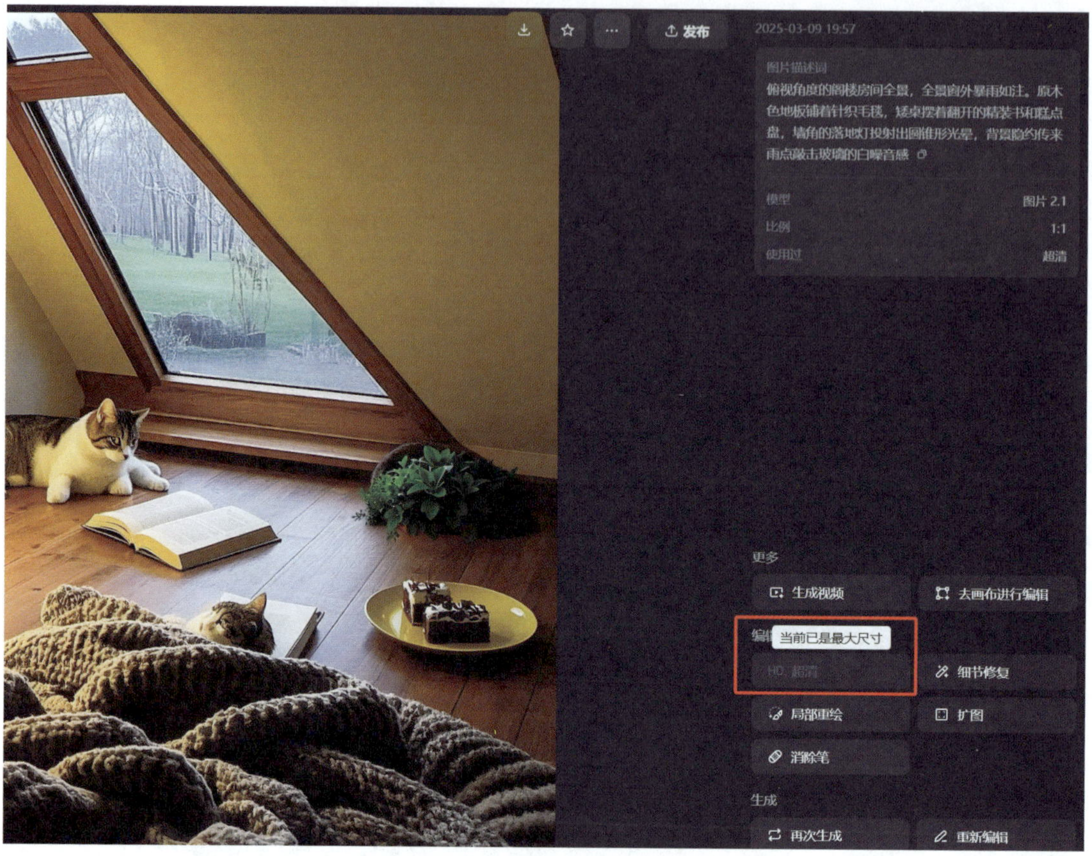


图 5-35　无法多次升级画质

“超清”是增强画质，而“扩图”则是扩大画面的显示范围，如图 5-36 所示。

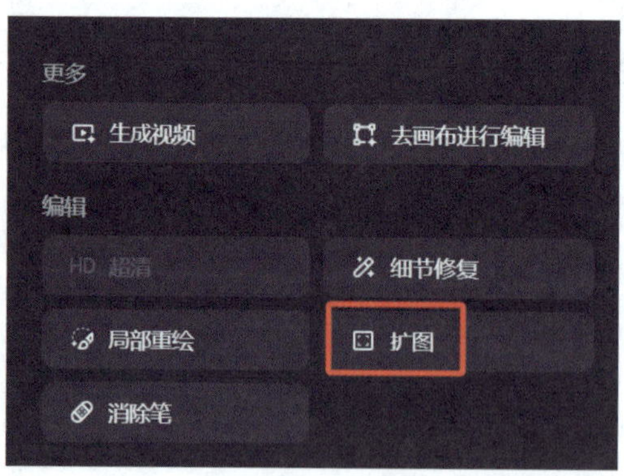


图 5-36　扩图

扩图的操作界面默认会将图片扩展 1.5 倍，下方还有 2 倍、3 倍的选项，如图 5-37 所示。也可以手动自行拖拽扩大倍率。

我们还可以在下方的文本区域，给被扩大的区域输入描述内容，如图 5-38 所示。

图 5-37　扩图倍率选择

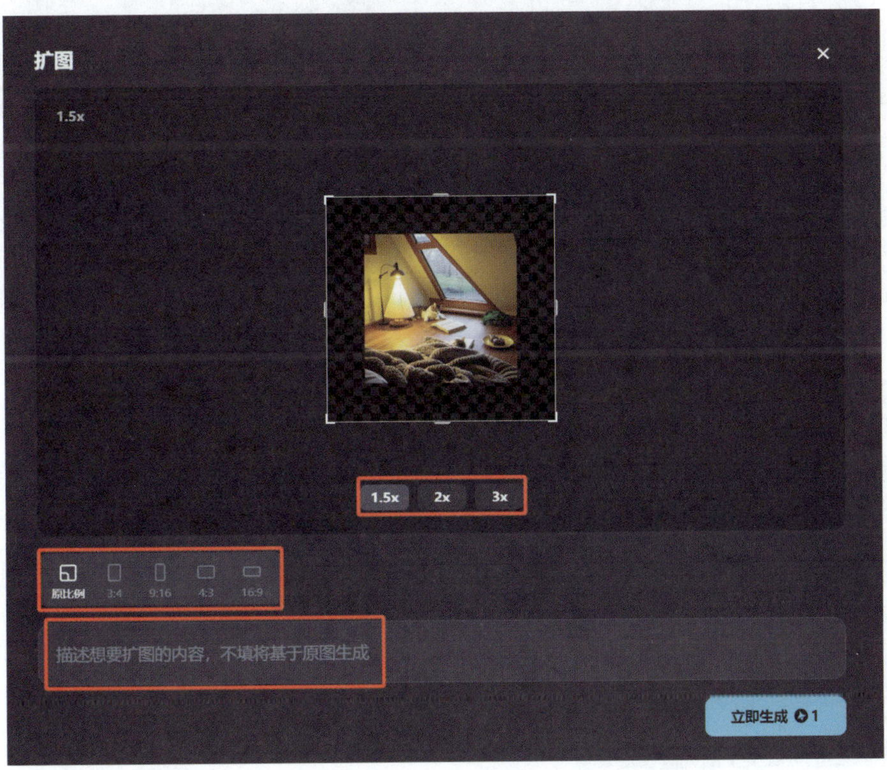


图 5-38　扩图设置

输入一段提示词，点击“立即生成”按钮，如图 5-39 所示。

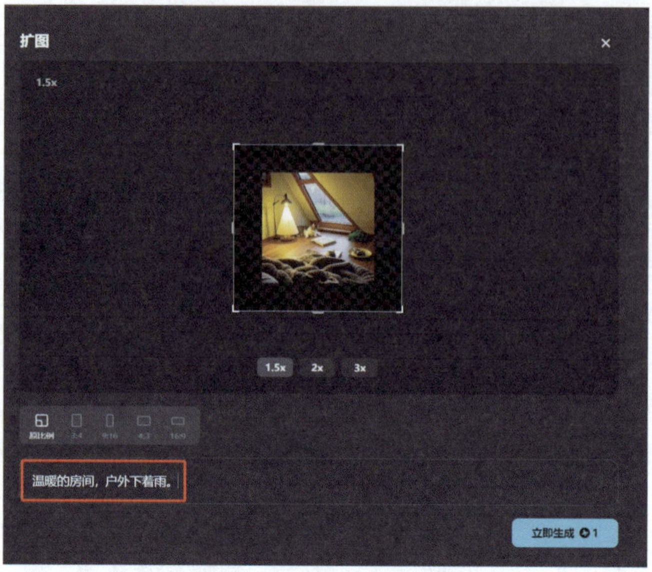


图 5-39　添加扩大区域文本描述

我们可以看到，图片的范围已经被放大，如图 5-40 所示。

图 5-40　生成图片

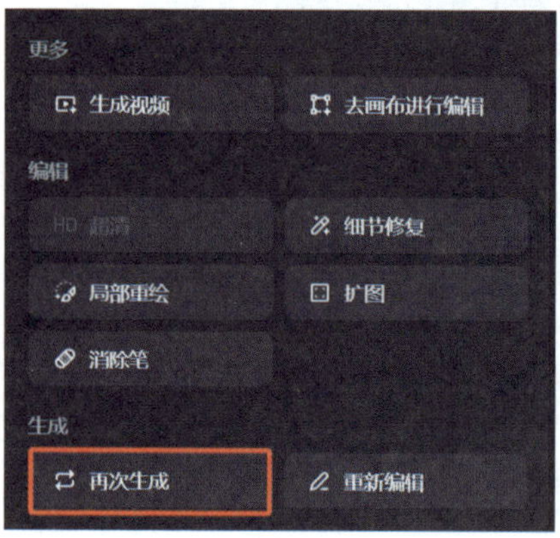


图 5-41　再次生成

如果对当前效果不够满意，也可以点击右侧的“再次生成”按钮，如图 5-41 所示。

同样的提示词，再次生成一次，我们可以求助 DeepSeek，在下方点击“跟 DeepSeek 一起创作”按钮，如图 5-42 所示。

DeepSeek 立刻生成了若干个基于我们的历史创作的提示词，如图 5-43 所示。

右下方，有一个“重新编辑”按钮，点击以后，可以返回到上一步操作，如图 5-44 所示。

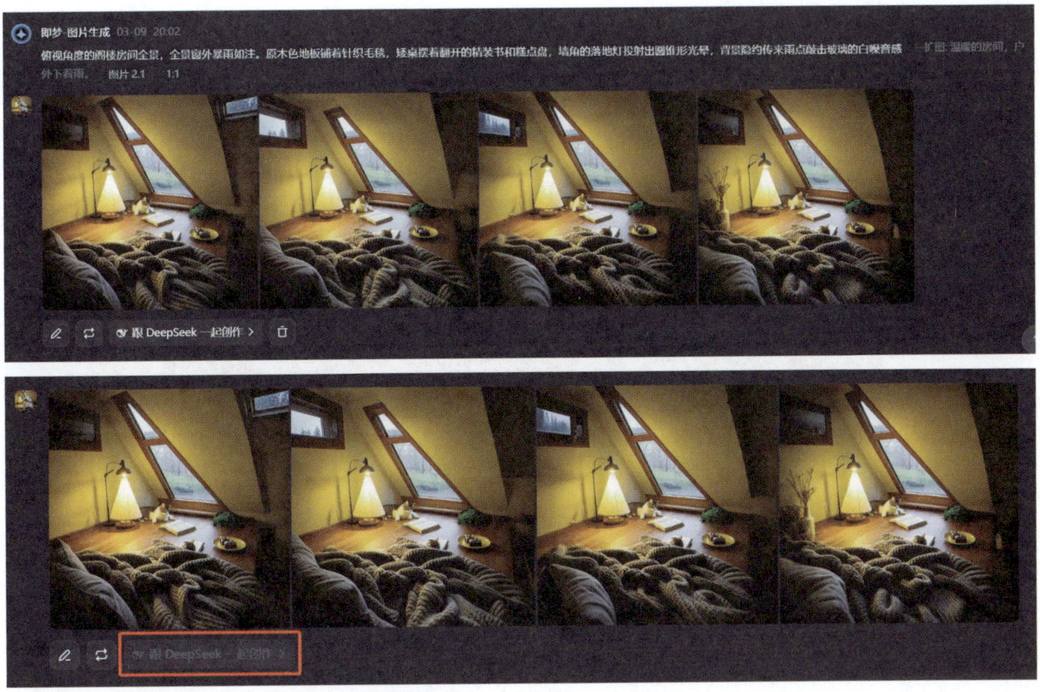


图 5-42　与 DeepSeek 一起创作

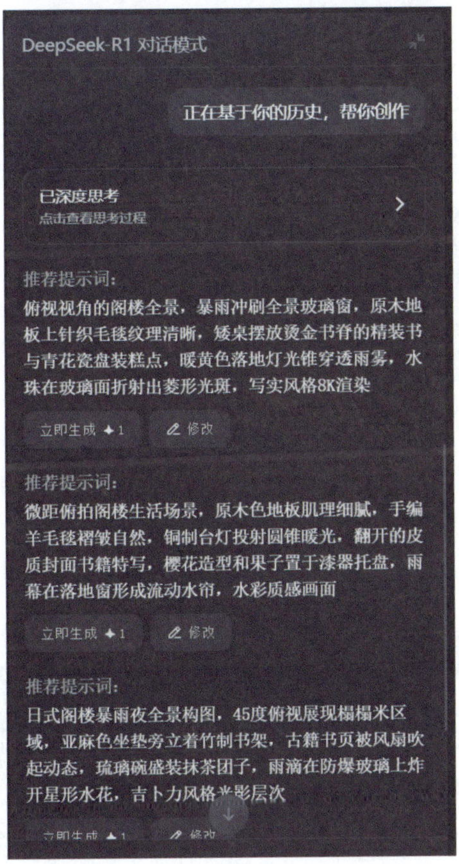


图 5-43　DeepSeek 生成结果

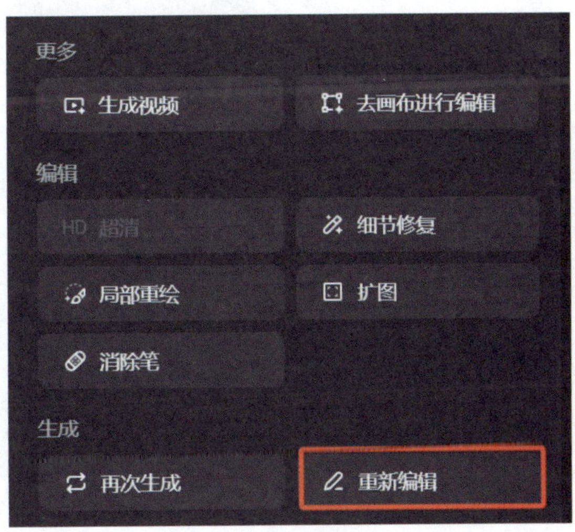


图 5-44　重新编辑

画面将跳转到“扩图”这个步骤，如图 5-45 所示。

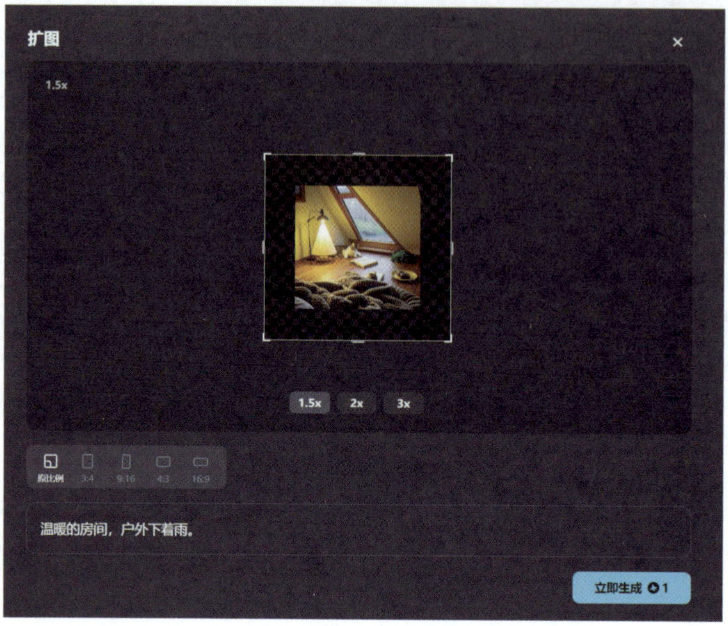


图 5-45　扩图画面

## 5.2.4　批量管理相册

在介绍批量管理相册之前，我们先生成一些图片，如图 5-46 所示。与 DeepSeek 对话：“我想要一个温暖的童话故事场景，有小房子、烟囱、花园、灌木丛”。

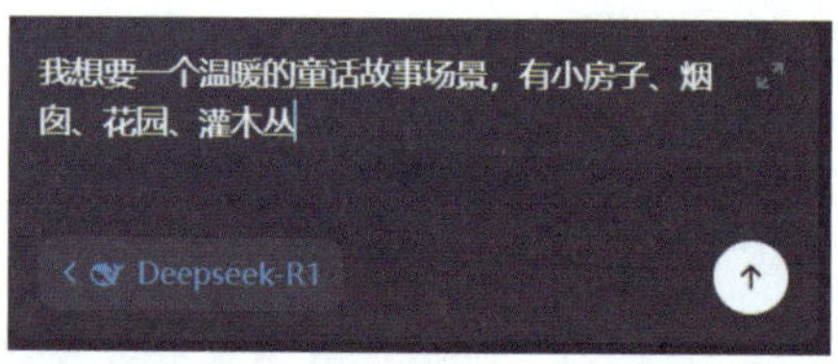


图 5-46　DeepSeek 书写提示词

等待DeepSeek的思考，如图5-47所示。

点击提示词下方的“立即生成”按钮，如图 5-48 所示。

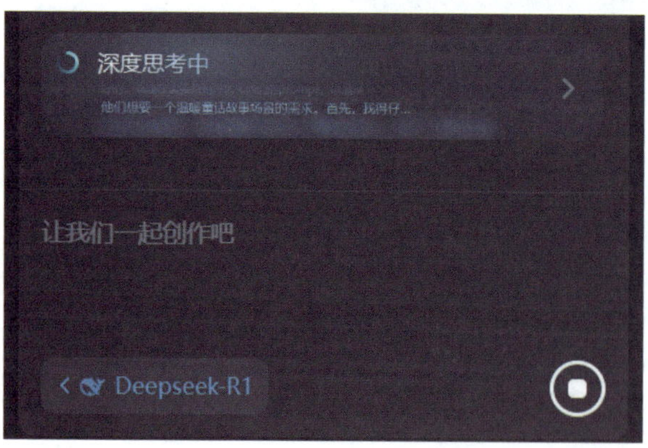


图 5-47　DeepSeek 深度思考中

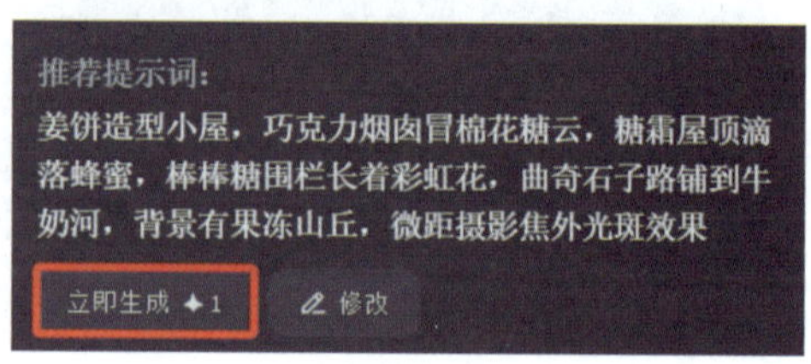


图 5-48　生成图片

我们得到了如图 5-49 所示的一些漂亮的图片。那么如何查找和管理这些图片呢?

图 5-49　图片效果

在即梦 AI 中提供了查看“历史”的功能，在这里可以看到所有的历史记录，并对“历史图片”进行批量管理，如图 5-50 所示。点击“聚合相同输入”按钮，可以更清晰地查看图片信息。

图 5-50 项目管理

此时，画面左侧是提示词，右侧是图片，如图 5-51 所示。

图 5-51 切换显示方式

一个提示词生成的图片会归纳在一个组之中，方便我们对比，如图 5-52 所示。

图 5-52　切换显示方式

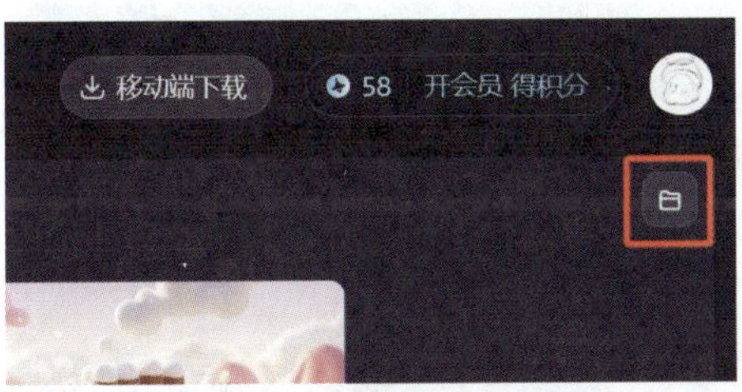


图 5-53　查看文件夹（1）

点击页面右上角的“文件夹”按钮，可以跳转到文件查看模式，如图 5-53 所示。

在这个模式下，我们可以方便地查看所有图片、视频的缩略图，如图 5-54 所示。

图 5-54
查看文件夹（2）

点击右上方的“批量操作”按钮，可以进入多选模式，如图 5-55 所示。

图 5-55　选择多张图片

多选图片以后，可以进行批量下载、删除、收藏等操作，如图 5-56 所示。

图 5-56　批量操作

### 5.2.5　智能画布：AI 全能图片编辑工具

智能画布是一个基于“图片生成”功能开发的工具，这个功能包含了图片生成的功能，并且还具备多图层融合等特色高级功能。接下来，我们来详细介绍这个功能的用法，从而提升生图的质量和效率，如图 5-57 所示。

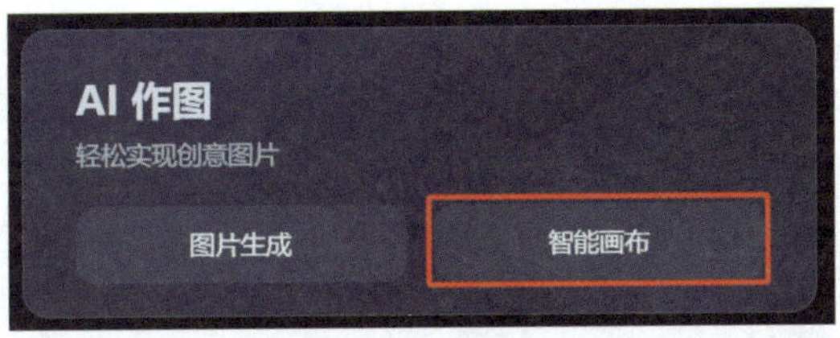


图 5-57　智能画布

智能画布的工作台结构清晰，左侧是工具栏，右侧是图层与记录，中间是画面效果，如图 5-58 所示。

图 5-58　智能画布工作界面

在左上角，我们可以上传本地图片，也可以使用文生图、图生图的功能，如图 5-59 所示。

我们从零开始，使用文生图生成一张图片素材，如图 5-60 所示。

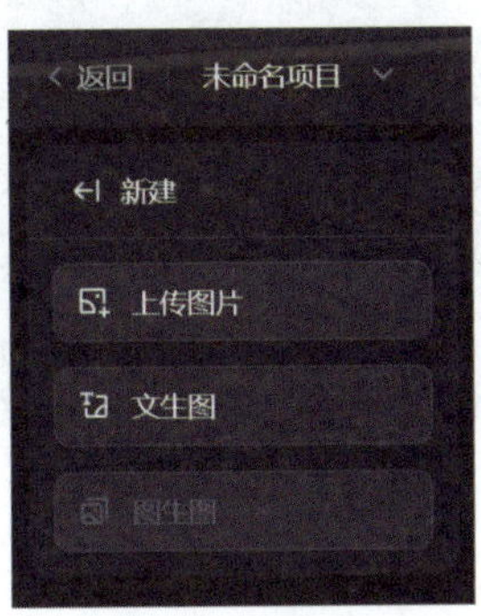


图 5-59　工具栏

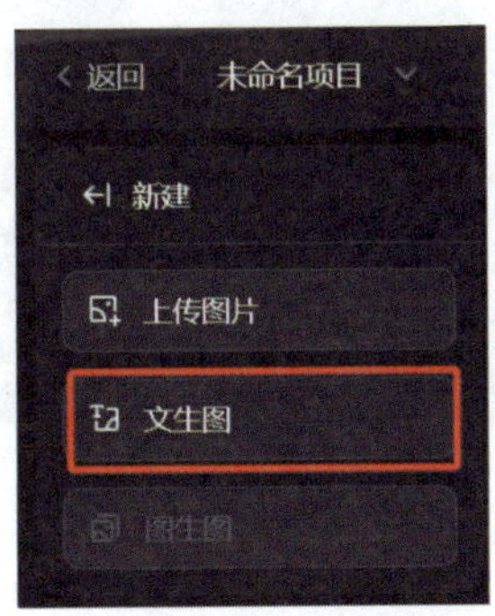


图 5-60　文生图

点击以后，会出现之前我们已经学习过的文生图参数，如图 5-61 所示。

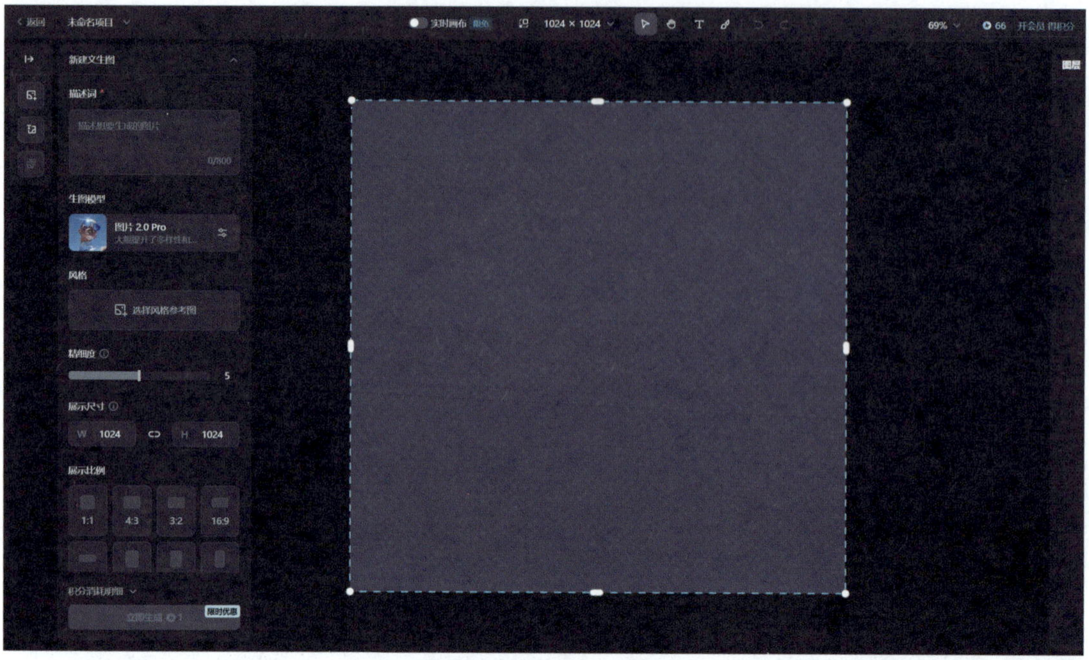


图 5-61　文生图参数面板

输入一段提示词，如图 5-62 所示。

等待 AI 生成图片，如图 5-63 所示。

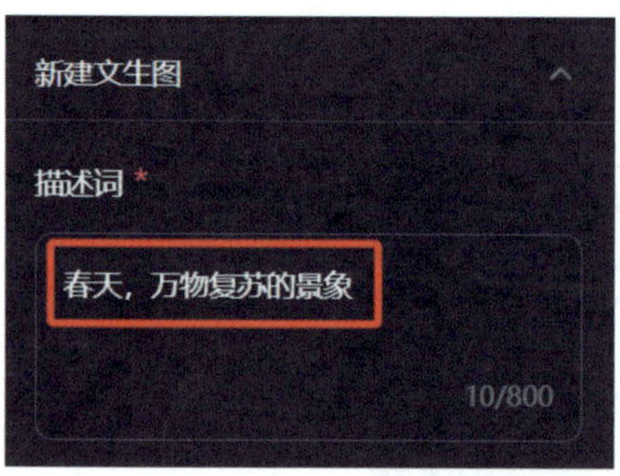


图 5-62　提示词

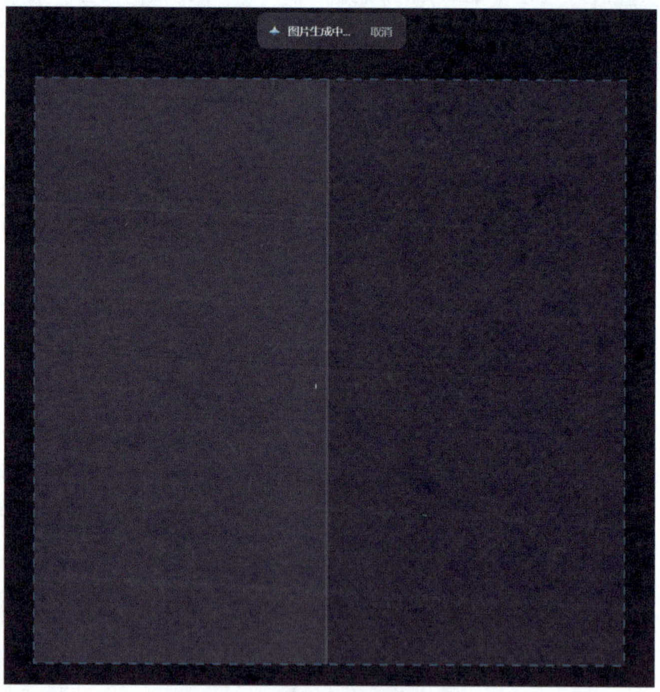


图 5-63　等待生成

### 5.2.6　AI 图层编辑系统

即梦 AI 生图完成以后，相比之前的文生图模式会有更多的调整空间，如图 5-64 所示。此时，顶部和右侧都会有对应的面板。

图 5-64　界面布局

使用“局部重绘”功能，如图 5-65 所示。

用画笔工具涂抹当前区域，再输入一个提示词，让 AI 在这个位置添加一只小蝴蝶，如图 5-66 所示。

图 5-65　“局部重绘”按钮

图 5-66　局部重绘（1）

即梦 AI 会给我们生成 4 个备选方案，添加完成后的效果如图 5-67 所示。

图 5-67 局部重绘（2）

添加局部重绘之后，右侧的面板会记录该操作步骤，如图 5-68 所示，可以随时调用过去生成的方案。

图 5-68 历史操作记录

这一步是第一步的文生图步骤，这里的四个缩略图标，代表生成了四个备选方案，如图 5-69 所示。

图 5-69　历史记录

这一步是我们刚才操作的局部重绘，如图 5-70 所示。

图 5-70　局部重绘（3）

这里表示当前图层只有一个，如图 5-71 所示。

使用扩图的功能，让图片范围变大，如图 5-72 所示。

图 5-71 图层

图 5-72 扩图

使用默认设置，点击“扩图”按钮，如图 5-73 所示。

图 5-73 扩图界面

扩图效果完成，如图 5-74 所示。

图 5-74　扩图效果

再尝试使用“消除笔”功能，消除这只“蝴蝶”，如图 5-75 所示。

图 5-75　消除笔

用画笔工具涂抹蝴蝶的区域，如图 5-76 所示。

图 5-76　涂抹消除物体

此时蝴蝶被消除干净，如图 5-77 所示。

图 5-77　消除效果

在之前的案例中，我们已经演示过细节修复的功能，主要修复一些模糊与不合理的细节，本图片使用以后暂无明显效果，如图 5-78 所示。

图 5-78　细节修复

“HD 超清”这个功能可以让图片质量更高，如图 5-79 所示。

图 5-79　超清处理

抠图也是一个比较实用的功能，如图 5-80 所示。点击“抠图”按钮以后，AI 会自动识别当前画面的主要物体。

图 5-80　抠图

等待识别画面如图 5-81 所示。

图 5-81　等待抠图

识别成功以后，系统会标记该物体，如图 5-82 所示。

抠图完成的效果如图 5-83 所示。

### 5.2.7 多图层图像融合

使用文生图生成一个新的图片，可以用作图像融合的素材，如图 5-84 所示。下面，我们讲解“图层融合”功能。

首先点击侧边的“文生图”按钮，可以新建一个图层。

输入提示词“一片草丛的特写”。生成图片如图 5-85 所示。

图 5-82 抠图效果（1）

图 5-83 抠图效果（2）

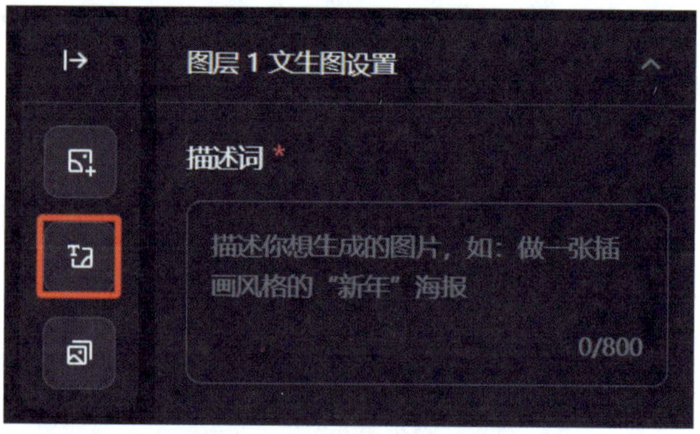


图 5-84 “文生图”新建图层

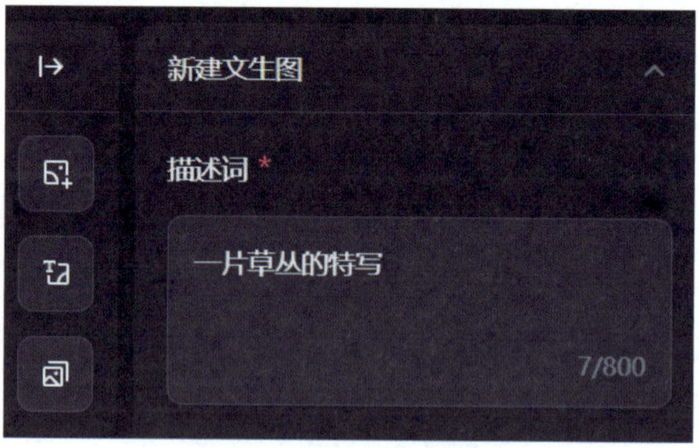


图 5-85 输入提示词生成图片

右侧会看到图层 1 和图层 2，如图 5-86 所示。

图 5-86　图层

在图层 1 中，选择刚才抠出来的植物，如图 5-87 所示。

图 5-87　图层 1 中选择素材

调整图层顺序，点击顶部的“融图”按钮，如图 5-88 所示。

图 5-88　融图（1）

系统提示选择前景和背景，如图 5-89 所示。我们将抠出来的一个绿色植物作为前景，完整图片作为背景。

图 5-89　融图（2）

这棵植物就被融合进了画面之中，如图 5-90 所示。

图 5-90　融图效果

点击左侧工具栏中的图生图按钮，如图 5-91 所示。

输入提示词，为画面添加一些小昆虫，如图 5-92 所示。

图 5-91　图生图

图 5-92　输入提示词

选择“主体”作为参考对象，如图 5-93 所示。

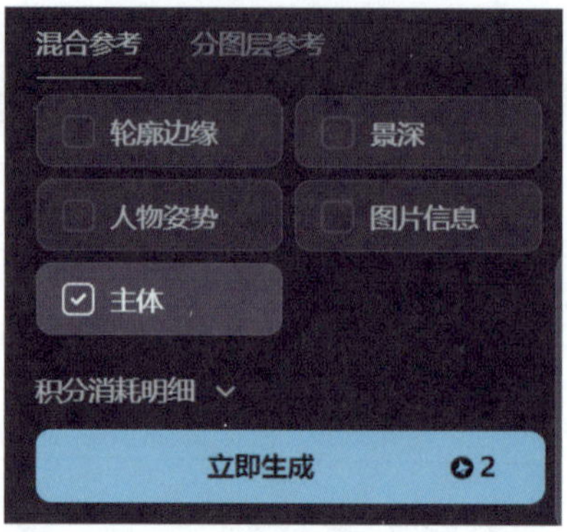


图 5-93　混合参考

我们通过生成的图像来了解强大的实时画布功能，如图 5-94 所示。

图 5-94　实时画布功能

### 5.2.8　实时画布功能

打开“实时画布”按钮，此时，下方会显示左右两张图片，如图 5-95 所示。左侧是当前图片，右侧则是结果。

本质上，“实时画布”就是“图生图极速版”，可以几乎无延迟地直接看到图生图结果。

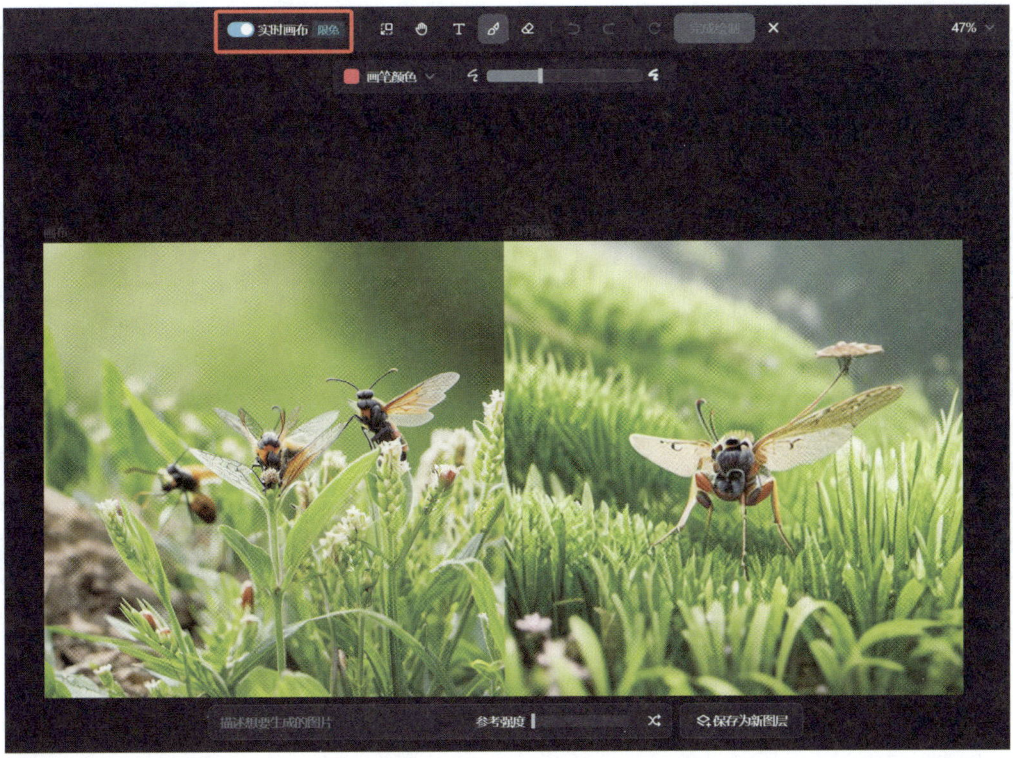


图 5-95　实时画布

我们在左侧的图像中用画笔工具绘制一个抽象的图像，右侧则会立刻根据此图更新内容。

温馨提示：参考程度调整为中间偏多的位置，效果会比较合适，如图 5-96 所示。

图 5-96　参考强度

如果参考强度太小，左侧的参考图与右侧的结果差异会比较大，如图 5-97 所示。

图 5-97 参考强度过小

参考强度太强，左右两侧会比较接近，但是，画笔的效果也将会不自然地显现出来，如图 5-98 所示。

图 5-98 参考强度过大

我们在左侧用画笔继续添加更多的色彩，右侧则会立刻出现一些自然融入背景之中的花朵，如图 5-99 所示。

如果对当前效果不够满意，可以点击“效果刷新”按钮以及“立刻更换”按钮，如图 5-100 所示。

图 5-99　生成效果

图 5-100　效果刷新

我们可以将新生成的图像保存为新的图层，基于此图继续进行创作，如图 5-101 所示。

图 5-101　保存为新图层

实时画布的强大不仅在于快速，更在于融合效果自然，即使用夸张的颜色随意涂抹，右侧也能实现比较不错的效果，如图 5-102 所示。

图 5-102　随意涂抹效果

## 5.2.9　查看历史作品

在左上角，点击“未命名项目”右侧的箭头图标，弹窗会出现“查看所有项目”的选项，如图 5-103 所示。

图 5-103　查看所有项目

我们在即梦 AI 的首页左侧栏中点击“资产”，也可以查看所有项目，如图 5-104 所示。

这些历史会以缩略图的方式显现，默认查看为图片，如图 5-105 所示。

在“资产”页面的上方可以查看图片、画布、视频、故事、音乐的历史记录，如图 5-106 所示。

图 5-104　资产

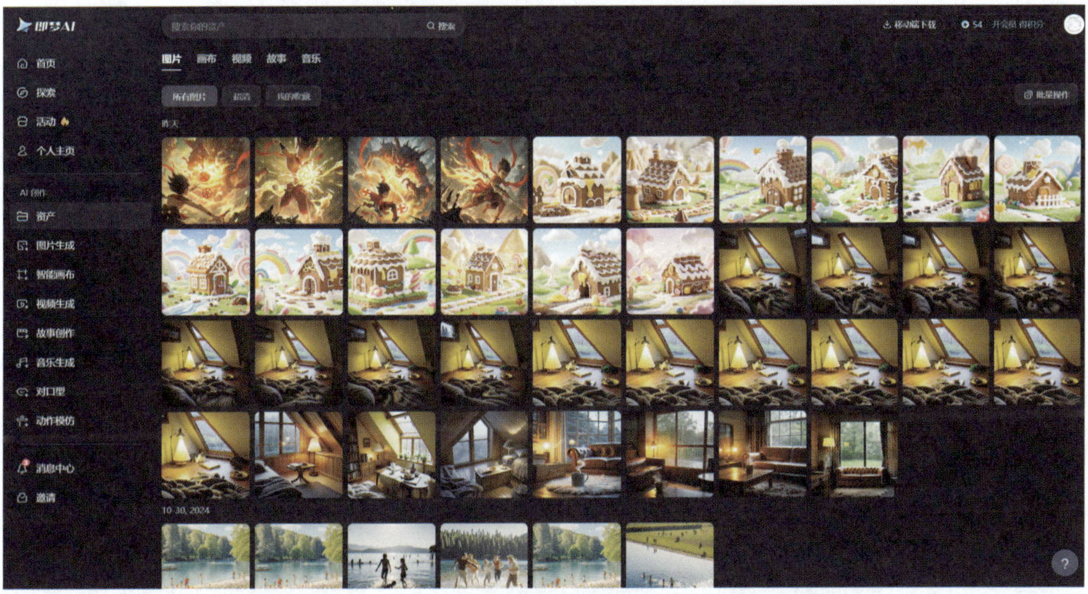


图 5-105　默认显示

图 5-106　查看图片、画布、视频、故事、音乐等历史记录

## 5.3 即梦 AI 与 DeepSeek 视频

### 5.3.1 视频生成：秒做图文视频

即梦 AI 有一个独立的“AI 视频”模块，主要功能有“视频生成”与“故事创作”，如图 5-107 所示。

我们先来讲解“视频生成”功能。

图 5-107　AI 视频

视频模式与图片模式共用一个历史记录，可以很方便地相互切换，如图 5-108 所示。

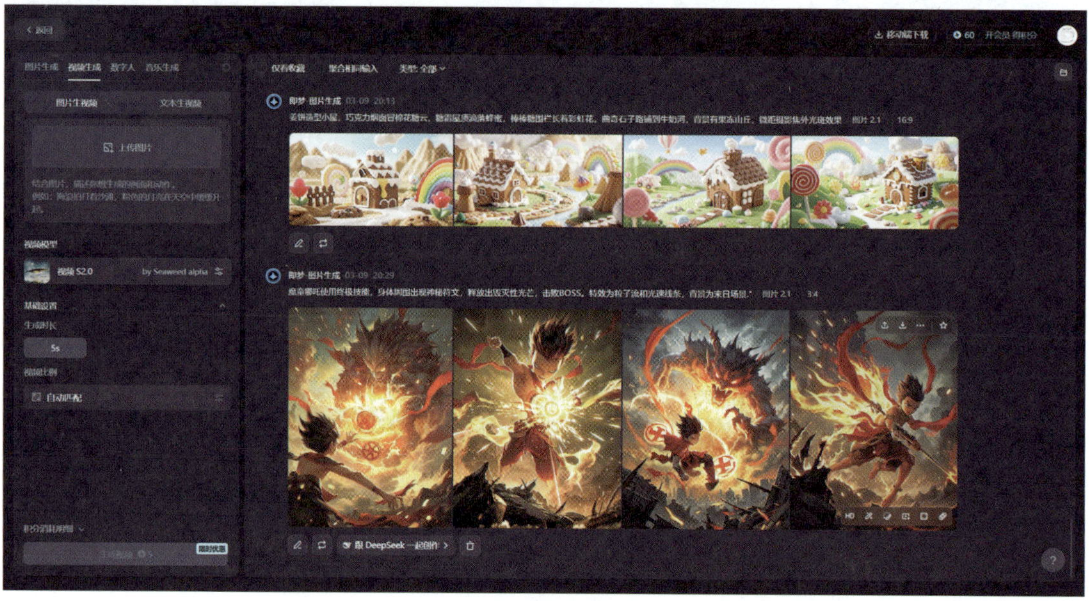

图 5-108　历史记录

即梦 AI 的主要功能都可以在此处切换，包含图片生成、视频生成、数字人、音乐生成，如图 5-109 所示。

视频生成主要有两种方式，第一种是“图片生视频”，这个模式需要上传参考图，如图 5-110 所示。第二种是通过输入描述文字生成视频，即“文本生视频”。

### 5.3.2 搭配 DeepSeek 文生视频

我们先来讲解文本生视频，如图 5-111 所示，这个模式并不需要使用图片素材。

即梦内置了 DeepSeek，如图 5-112 所示，我们可以在即梦 AI 中直接使用 DeepSeek 书写提示词（描述词），点击 DeepSeek 图标，即可进入 DeepSeek 页面。

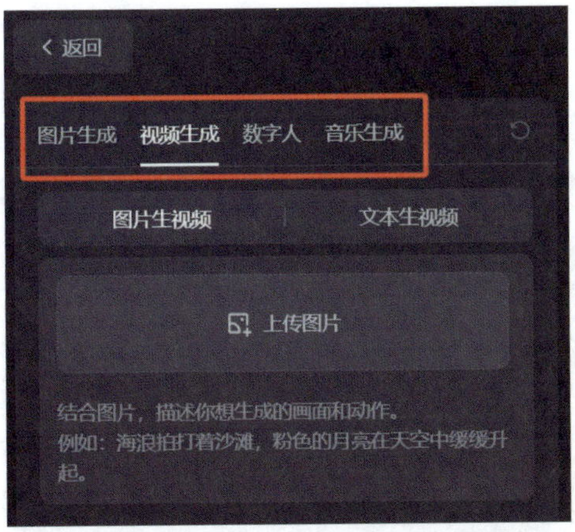


图 5-109　功能切换

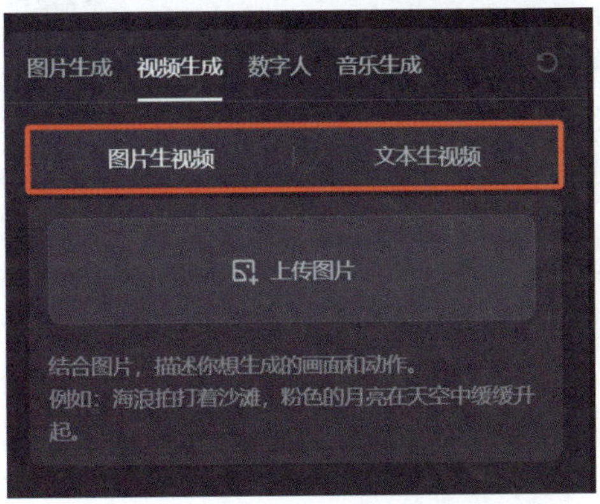


图 5-110　视频生成功能

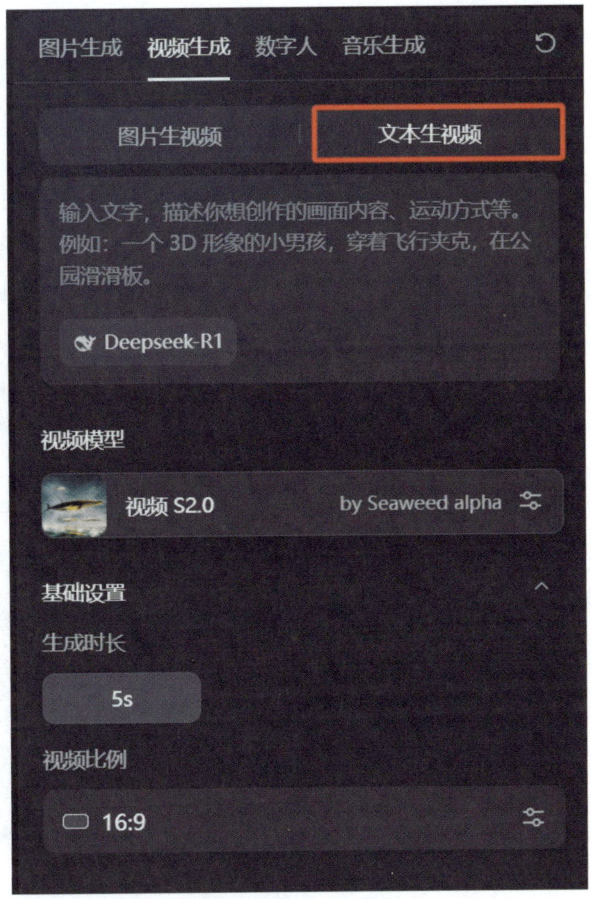


图 5-111　文生视频

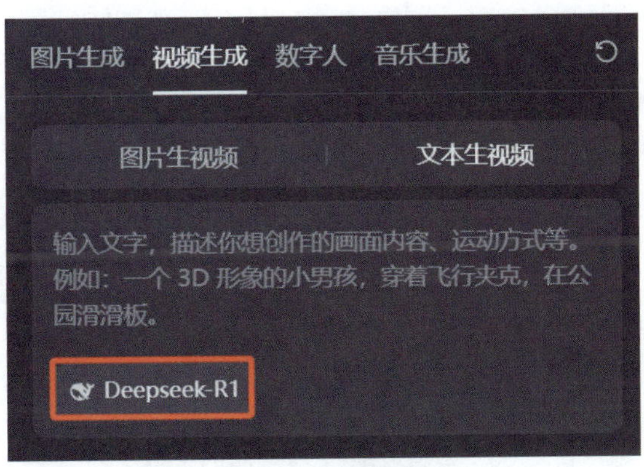


图 5-112　内置 DeepSeek

在这里，我们可以手动输入一个比较简短的提示词，然后让 DeepSeek 补充更多的信息内容，点击页面右下角的箭头按钮，如图 5-113 所示。

此时 DeepSeek 会进入深度思考模式，等待片刻，如图 5-114 所示。

DeepSeek 生成了若干个提示词备选方案，每一个提示词方案都基于我们之前输入的基础版内容，如图 5-115 所示，点击其中的一个提示词下方的“立即生成”按钮。

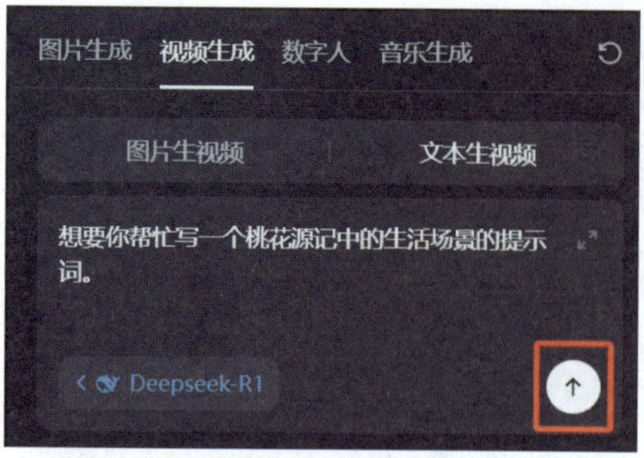


图 5-113　润色提示词

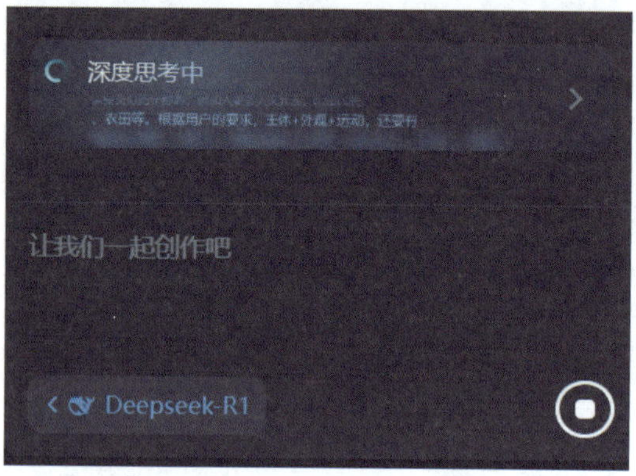


图 5-114　等待生成

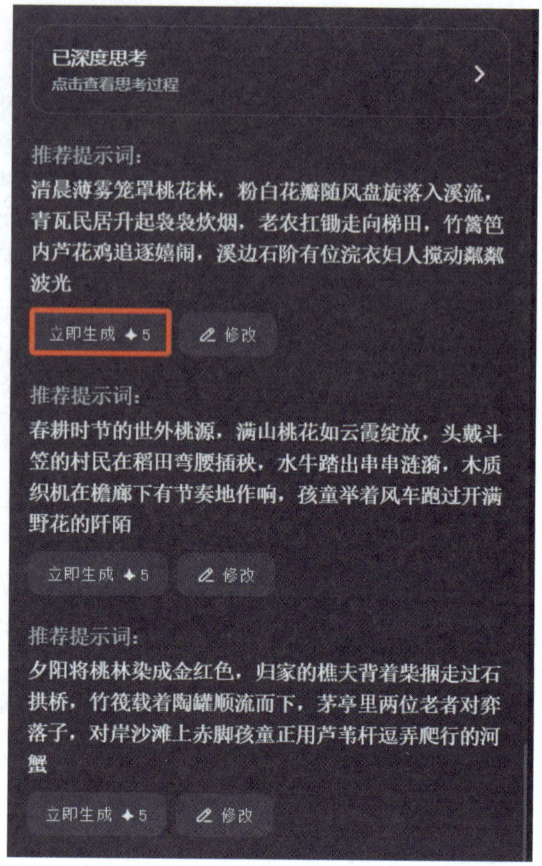


图 5-115　文生视频

此时，即梦 AI 会根据刚才的提示词生成一个时长为 5 秒的视频，如图 5-116 所示。

图 5-116　视频效果（1）

我们在视频下方的“详细信息”中，可以看到该视频的描述、视频比例、帧率、分辨率信息，如图 5-117 所示。

鼠标悬浮在视频画面上方，会出现工具栏，如图 5-118 所示。

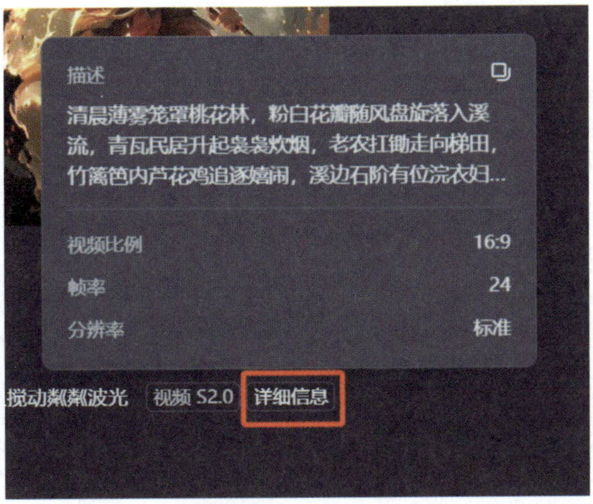


图 5-117　详细信息

图 5-118　工具栏

工具栏图标从左到右依次为延长视频、对口型、AI 音效、补帧、提升分辨率、AI 音乐，如图 5-119 所示。

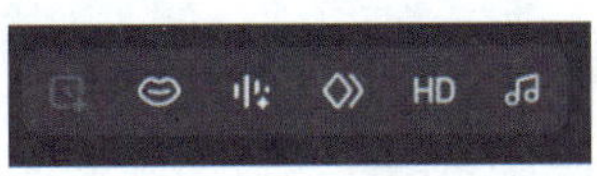


图 5-119　工具栏图标

视频效果如图 5-120 所示。

图 5-120　视频效果（2）

## 5.3.3　AI 为视频添加音乐与音效

我们可以为视频添加音效（水流声、环境音）以及背景音乐，如图 5-121 所示，首先来添加音效。

图 5-121　AI 音效

点击“音效”按钮，即梦 AI 会一次性生成 3 个音效，如图 5-122 所示。

图 5-122　音效方案

再次点击“音效”按钮，系统不会叠加音效，而是生成新的音效，如图 5-123 所示。

图 5-123　重新生成音效

生成音效以后，可以为视频添加背景音乐，只需要点击“AI 配乐”按钮即可，如图 5-124 所示。

图 5-124　AI 配乐

系统默认为根据画面进行配乐，如图 5-125 所示。

配乐也是一次性生成 3 条，如图 5-126 所示。

图 5-125　根据画面配乐

图 5-126　配乐方案

已经完成配乐的视频不能重复多次使用配乐功能，如图 5-127 所示。

除了使用一键配乐以外，我们还可以使用自定义 AI 配乐功能，这个模式会有更多的参数可供调节，如图 5-128 所示。

可选择多个不同风格、类别的标签，如图 5-129 所示。

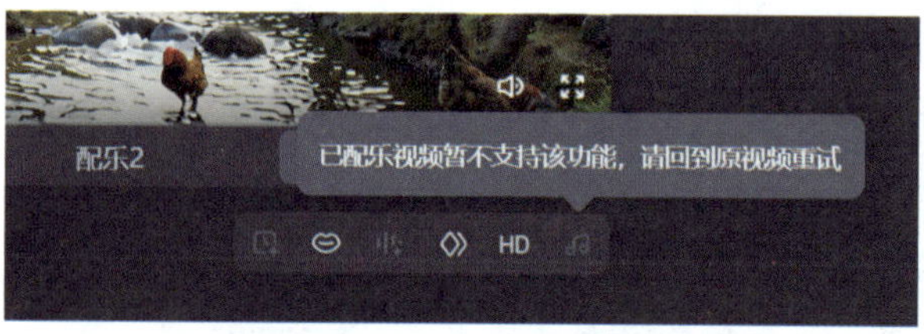


图 5-127　无法重复配乐

图 5-128　自定义 AI 配乐

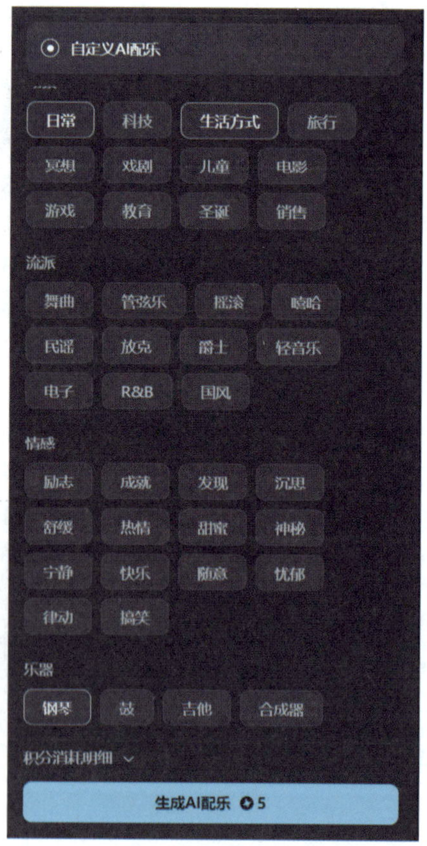


图 5-129　自定义 AI 配乐设置

### 5.3.4　视频模型与输出比例

在提示词的下方，可以选择视频模型，新的模型往往会有更好的效果。默认状态下系统会使用比较新的模型，如图 5-130 所示。

除了默认模型以外，还有其他不同的模型可供选择，针对不同的场景，有些模型的视频有合理的动效、生动的运镜，有些模型则会更精准地响应提示词。可以根据不同的情况选择不同的模型，如图 5-131 所示。

图 5-130　视频模型

图 5-131　适配不同环境的模型

即梦 AI 提供了主流的视频输出比例可供选择，默认选择为最为常见的横屏 16：9，如图 5-132 所示。

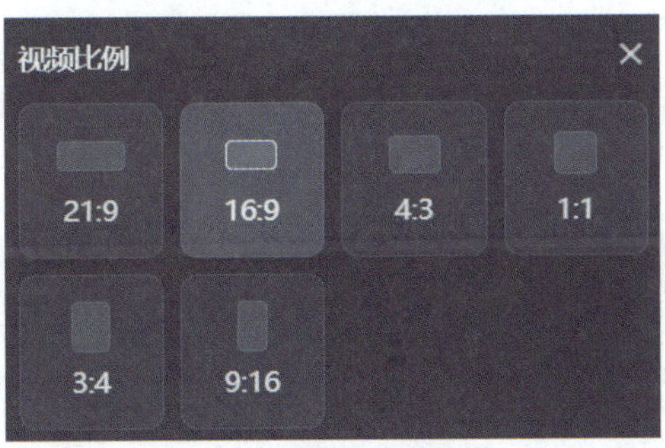


图 5-132　视频比例

### 5.3.5　AI 图生视频

接下来介绍图生视频的功能，此项功能需要依赖一张或多张图片作为参考，如图 5-133 所示。

我们使用之前生成好的图片作为参考图，如图 5-134 所示。

将其上传到图生视频的模式下，如图 5-135 所示。

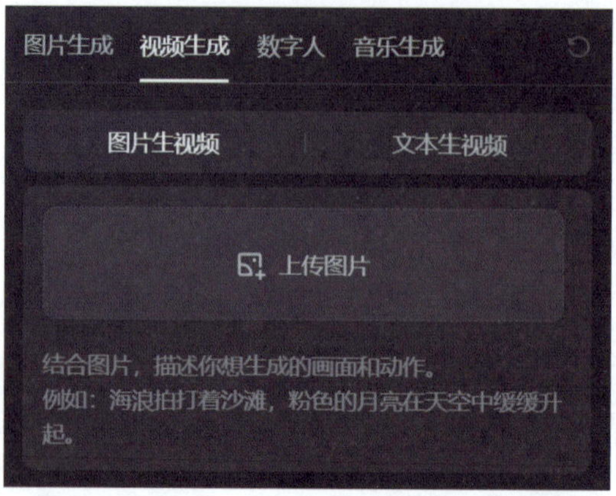


图 5-133 图片生视频画面

图 5-134 参考图

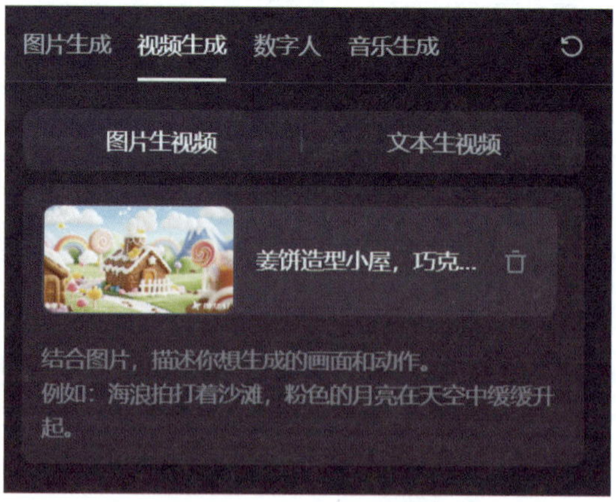


图 5-135 上传参考图

生成视频画面截图如图 5-136 所示。

图 5-136　视频效果截图

接下来为这个视频画面添加合适的音效，如图 5-137 所示。

图 5-137 添加音效

选中其中的一个音效即可完成添加，如图 5-138 所示。

图 5-138 选择音效

### 5.3.6　故事创作：一键从文本故事到大片

“故事创作”功能基于视频生成，设计出了更为高效快速的工作流，如图 5-139 所示。

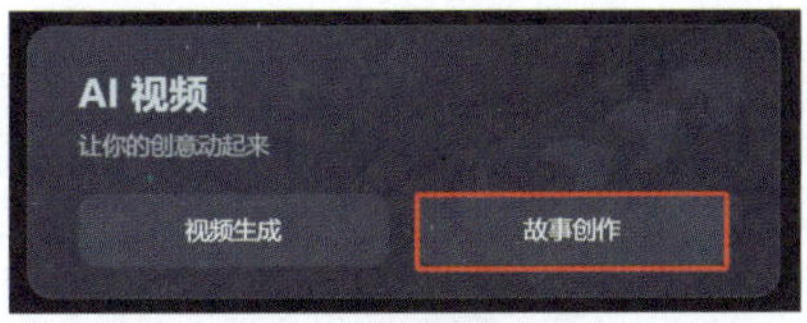


图 5-139　故事创作

打开故事创作页面，中间是当前的视频效果画面，如图 5-140 所示。

图 5-140　故事创作界面

下方为“批量导入分镜”和“创建空白分镜”两个按钮，如图 5-141 所示。

图 5-141　创建素材方式

可以从本地及云端资产导入分镜，如图 5-142 所示。

图 5-142　批量导入分镜

### 5.3.7 分镜头

我们将重点介绍从零开始的“创建空白分镜”功能，如图 5-143 所示。

图 5-143 创建空白分镜（1）

此项功能默认会创建一个分镜，名为“分镜 1”，如图 5-144 所示。

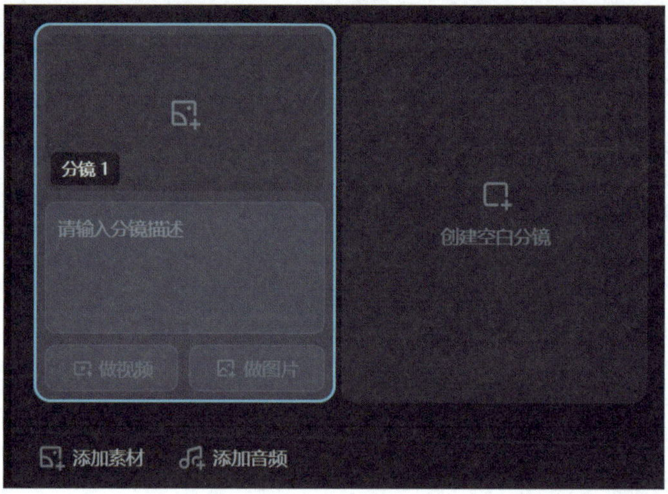


图 5-144 分镜 1

该页面为一个小型的文生图、文生视频工作界面，如图 5-145 所示。

我们可以从本地或是云端资产上传分镜图片素材，如图 5-146 所示。

也可以自己输入文本生成图像或者视频内容，如图 5-147 所示。

图 5-145 工作界面

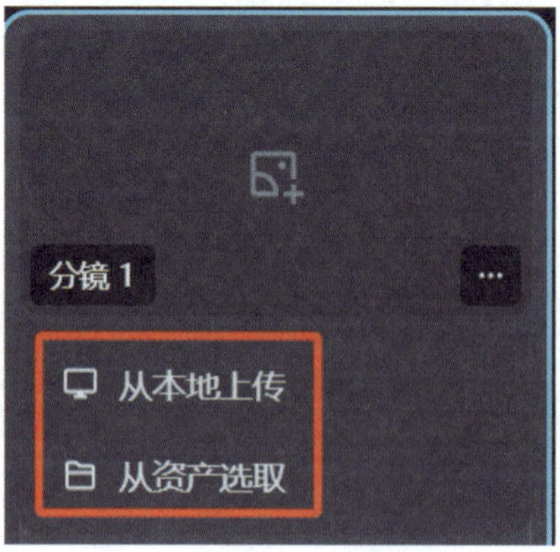


图 5-146 导入素材方式

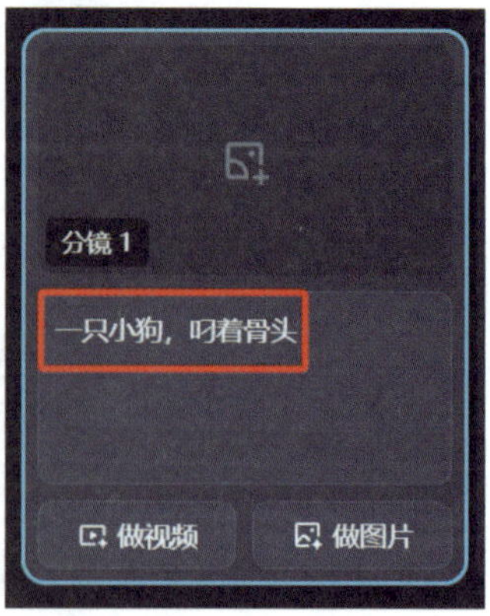


图 5-147 输入提示词

创建完成分镜 1 以后，点击“创建空白分镜”按钮，如图 5-148 所示。

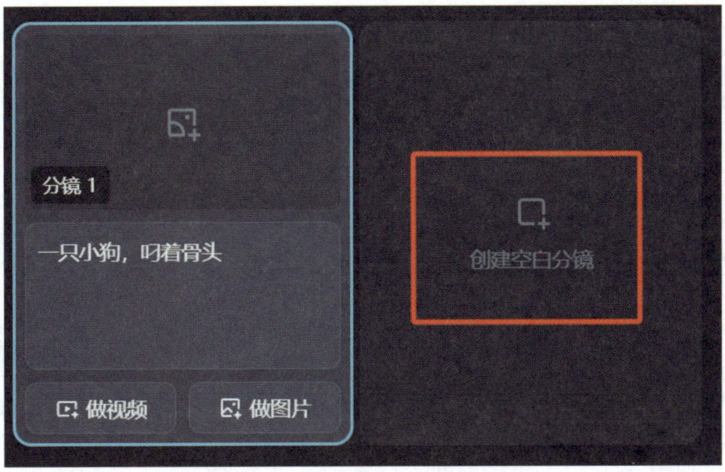


图 5-148　创建空白分镜（2）

页面将出现“分镜 2”，如图 5-149 所示。

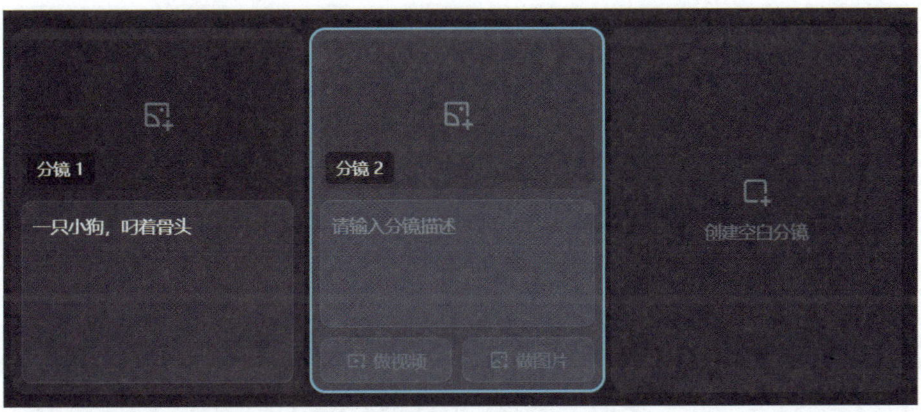


图 5-149　分镜 2

以此类推，可以创建更多的分镜，如图 5-150 所示。

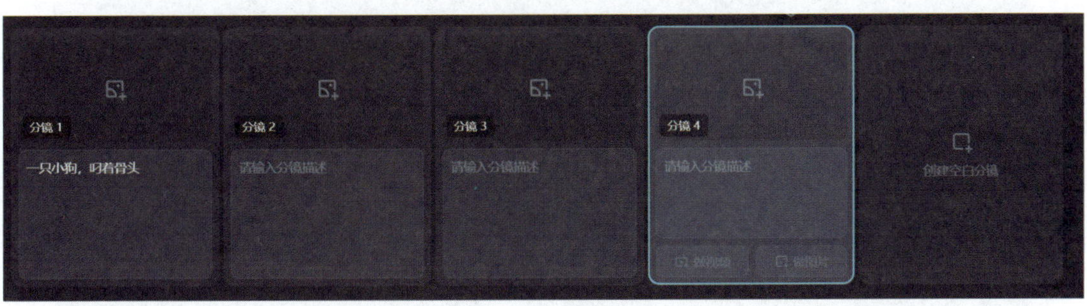


图 5-150　多个分镜

创建完成分镜以后，页面下方将显示当前的视频位置以及视频的总时长，如图 5-151 所示。

点击播放按钮可以播放当前分镜画面，如图 5-152 所示。

图 5-151　视频时长

图 5-152　播放当前分镜

在该页面上方区域可以看到视频预览画面，如图 5-153 所示。

图 5-153　画面预览区域

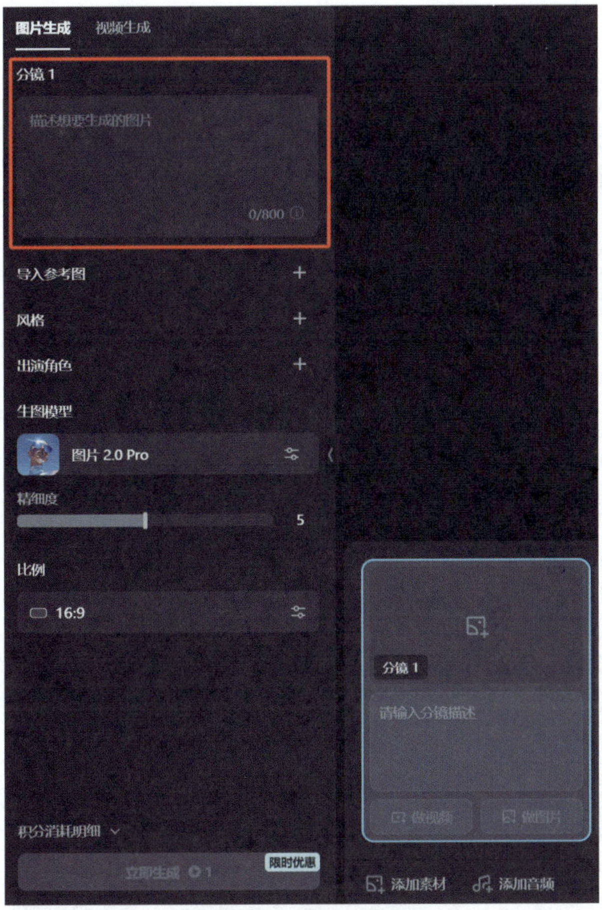


图 5-154　文生图

在分镜 1 中点击“文生图”时，左侧会跳转出分镜 1 的详细设置，可以在这个位置进行更具体的操作，这个设置界面和文生图的界面非常相似，如图 5-154 所示。

提示词的下方，可以导入参考图、选择风格、定义出演角色，如图 5-155 所示。

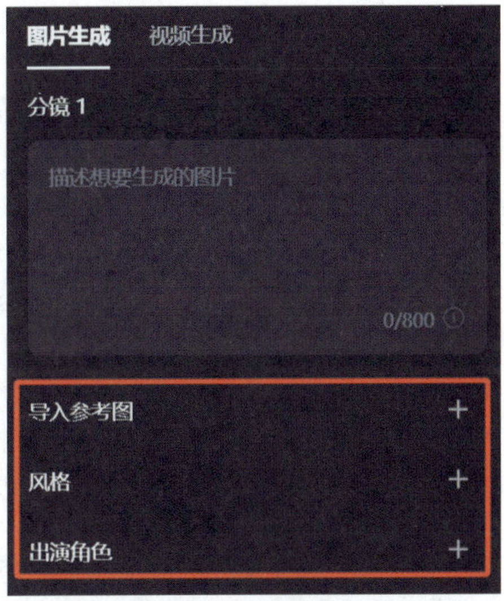


图 5-155　图片生成参数

在风格设置页面中，默认提供了多种艺术风格，也可以自己上传风格参考图，自定义风格，如图 5-156 所示。

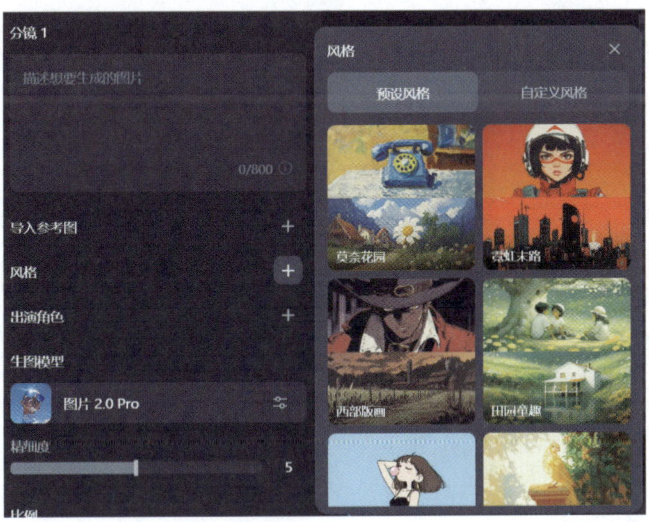


图 5-156　图片风格

### 5.3.8 小明的故事

下面我们使用“故事创作”来完整创作小明的故事。点击“出演角色”，如图 5-157 所示。

图 5-157 添加出演角色

系统将跳转至“出演角色”工作界面，如图 5-158 所示。

图 5-158 “出演角色”工作界面

在这里输入相关的设置参数，如图 5-159 所示。

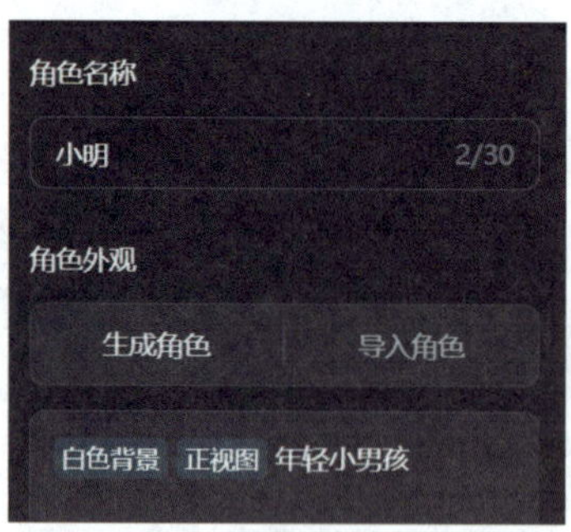


图 5-159 角色设置

此时会生成四个备选方案，选中其中的一个方案，在右上角点击“保存角色”，如图 5-160 所示。

保存角色以后，分镜 1 的文本描述框中将会出现“@ 小明”的字样，如图 5-161 所示。“出演角色”将变为小明的头像。在这里还可以设置脸部参考强度与主体参考强度。

图 5-160　生成并保存角色

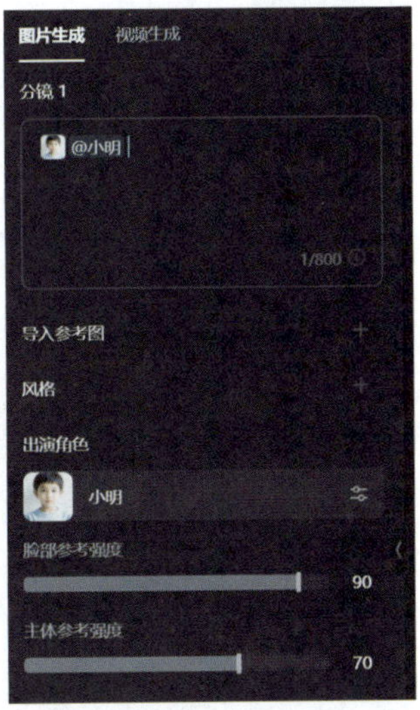



图 5-161　调用角色

在出演角色设置中可以继续添加更多的角色，如图 5-162 所示。本案例只使用小明这一个角色。

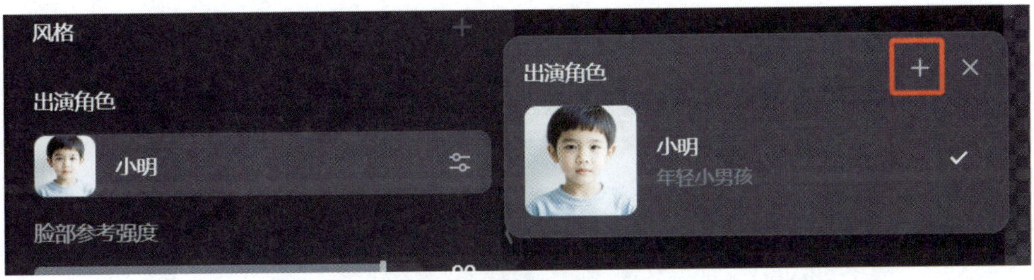



图 5-162　添加更多角色

在分镜 1 中补充提示词，生成视频，如图 5-163 所示。

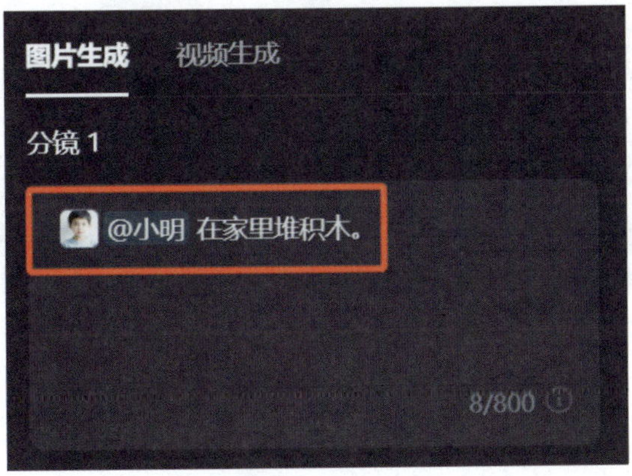



图 5-163　补充提示词

生成的分镜 1 参考图如图 5-164 所示。

图 5-164　生成参考图

即梦 AI 一次性生成了 4 个参考图可供选择，如图 5-165 所示。

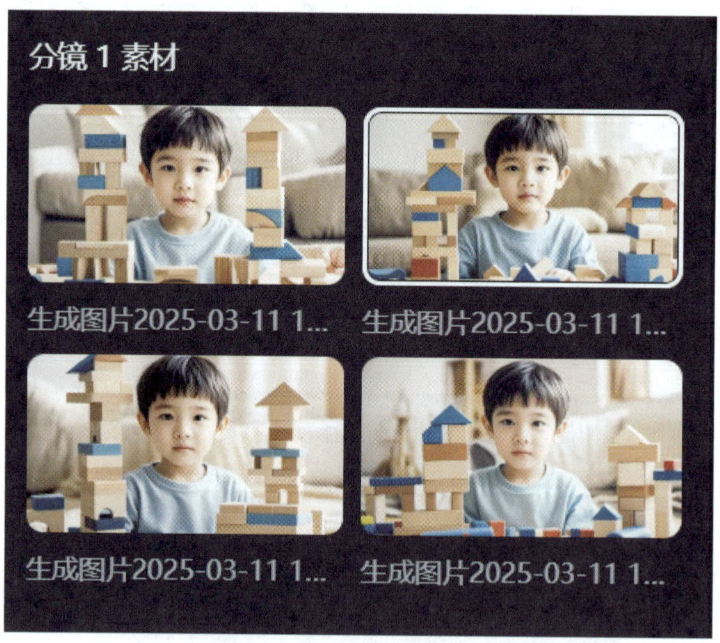


图 5-165　多张备选方案

选择其中的一张参考图，将其转换为视频，如图 5-166 所示。

接下来，我们使用同样的步骤，完成“分镜 2”的设置，如图 5-167 所示。点击“出演角色”，选择小明。

图 5-166　图生视频

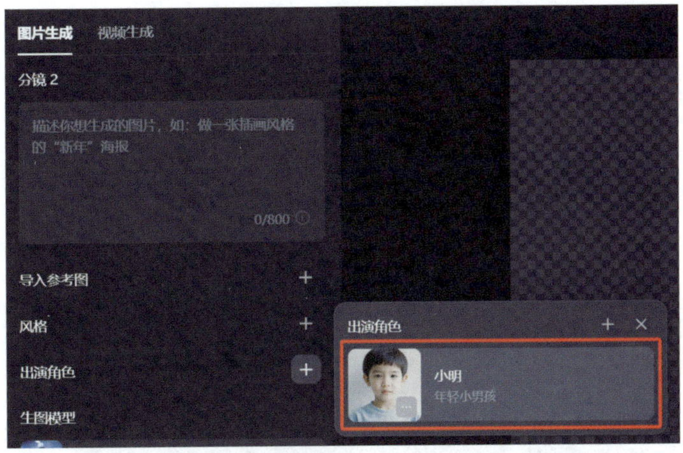


图 5-167　分镜 2

补充完善提示词，如图 5-168 所示。

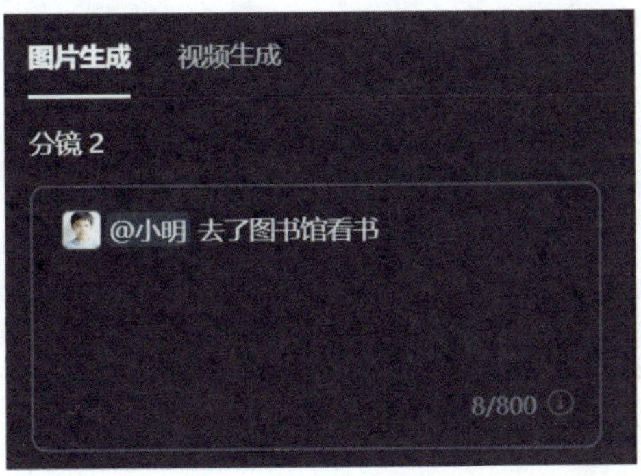


图 5-168　补充提示词

生成分镜参考图片，如图 5-169 所示。

图 5-169　生成分镜 2

我们将刚才的分镜 1 生成视频，参数设置如图 5-170 所示。

再将分镜 2 转换为视频，如图 5-171 所示。

视频效果截图如图 5-172 所示。

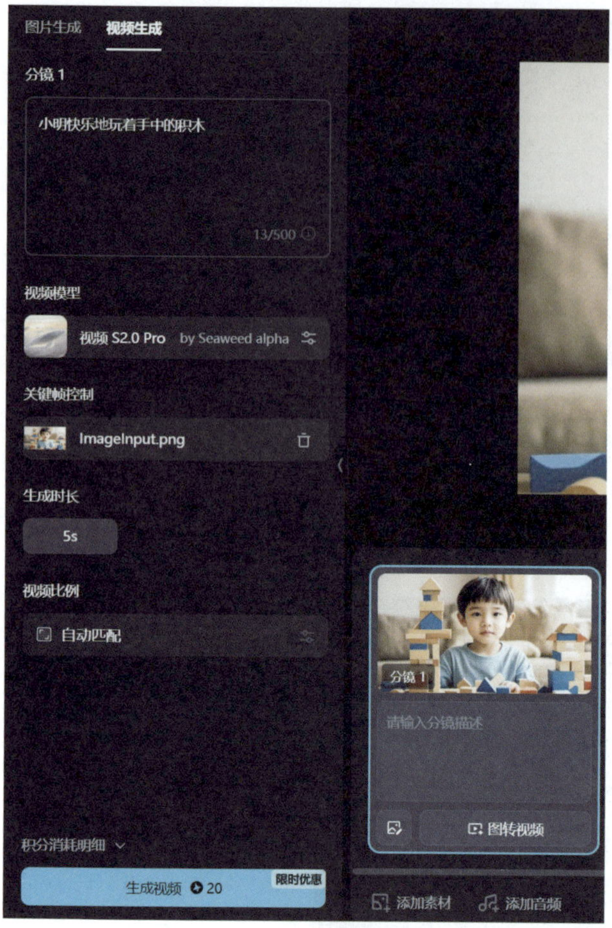


图 5-170 生成视频

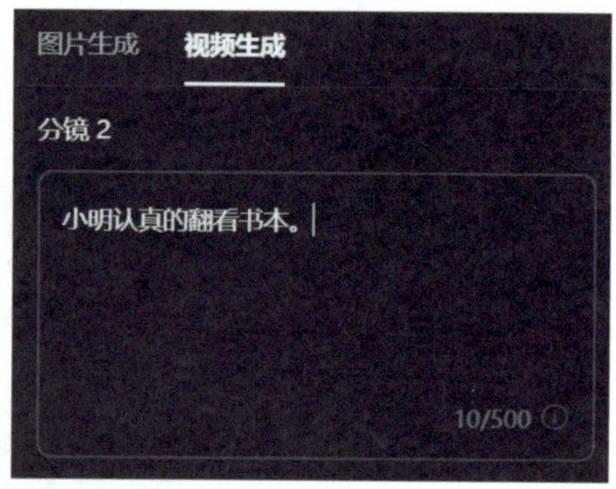


图 5-171 分镜 2 提示词

图 5-172 视频效果截图

### 5.3.9　即梦 AI 导出剪映

完成视频后点击右上角的“导出”按钮，选择“导出草稿至剪映”，如图 5-173 所示。

系统会提示打开剪映专业版，如图 5-174 所示。

打开剪映后，可以在“云空间”中找到该视频草稿，如图 5-175 所示。

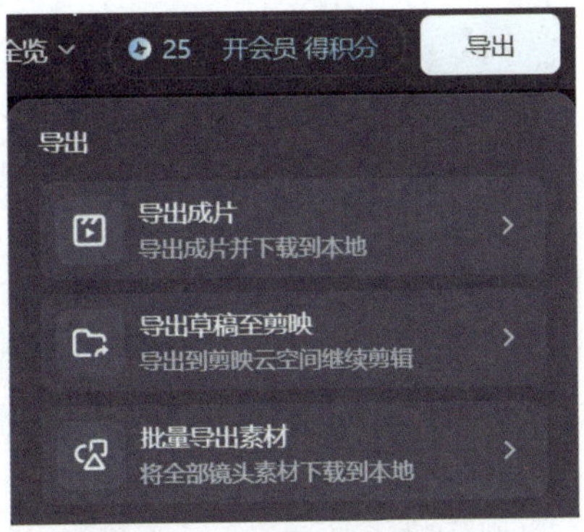


图 5-173　导出视频

图 5-174　导出至剪映

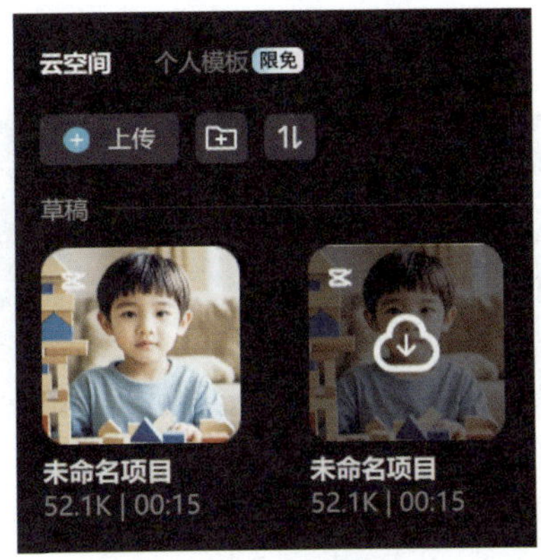


图 5-175　剪映草稿箱

打开草稿后，即可进入到剪映的工作页面，进一步对视频添加后期内容，如图 5-176 所示。

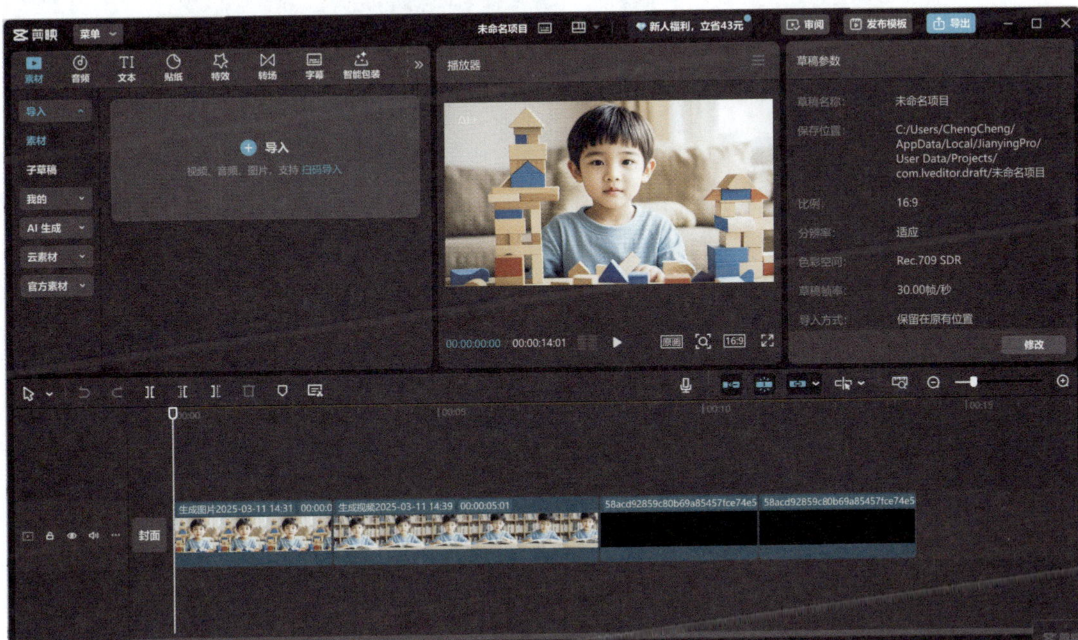


图 5-176　剪映工作界面

# 5.4 即梦 AI 数字人

## 5.4.1 对口型：解说口播视频

下面讲解即梦 AI 数字人的两大核心功能，“对口型”及“动作模仿”，如图 5-177 所示。

“对口型”功能，可以让一个角色自然地朗读一段文本，如图 5-178 所示。

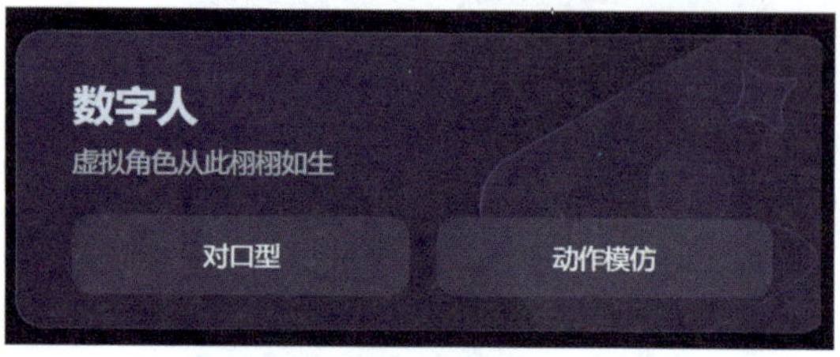


图 5-177 数字人

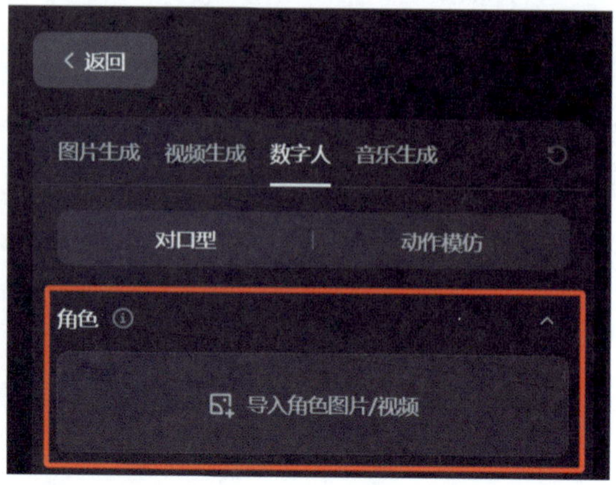


图 5-178 角色

角色支持真人和动漫画风，如图 5-179 所示。

将刚才生成的“小明”导入其中，如图 5-180 所示。

选择画面下方的“大师”模式，如图 5-181 所示。

图 5-179 角色风格

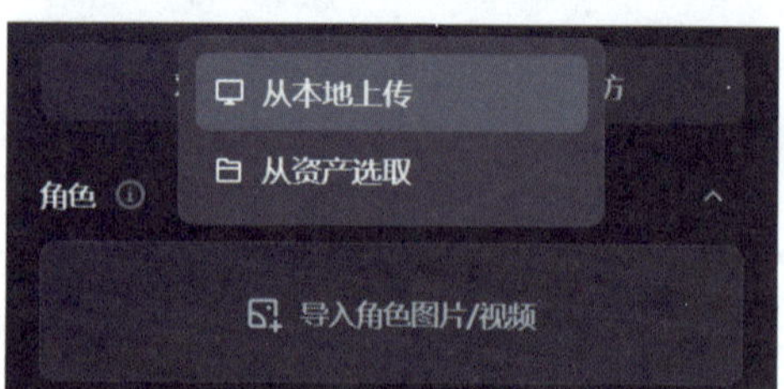


图 5-180 导入角色

图 5-181 大师模式

文本朗读的内容需要我们手动填充，如图 5-182 所示。

输入一段文本以后，左下角会提示朗读这段文本所需时间，如图 5-183 所示。

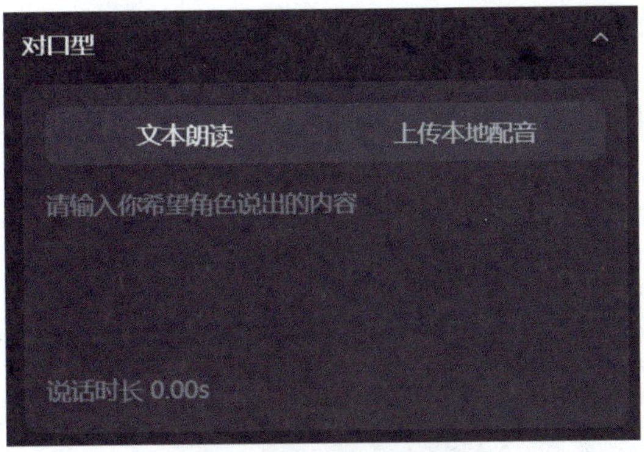


图 5-182　对口型

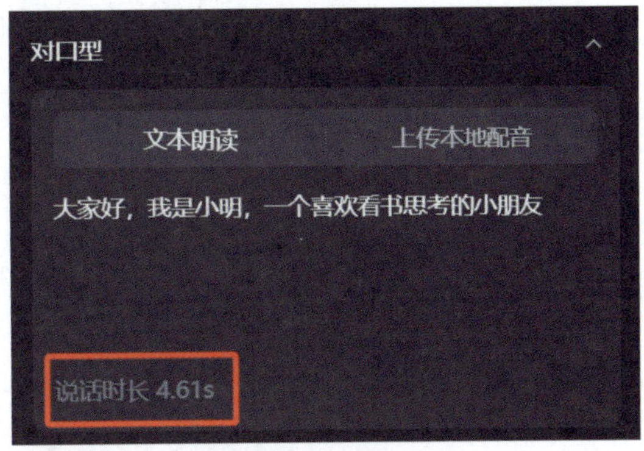


图 5-183　说话时长

在下方的音色设置中选择“小男孩”音色，点击“生成视频”按钮，如图 5-184 所示。

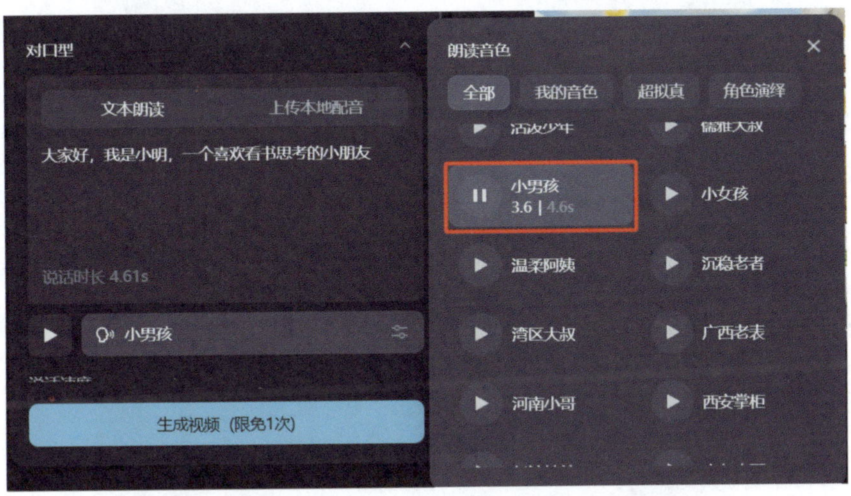


图 5-184　音色

等待生成过程，如图 5-185 所示。

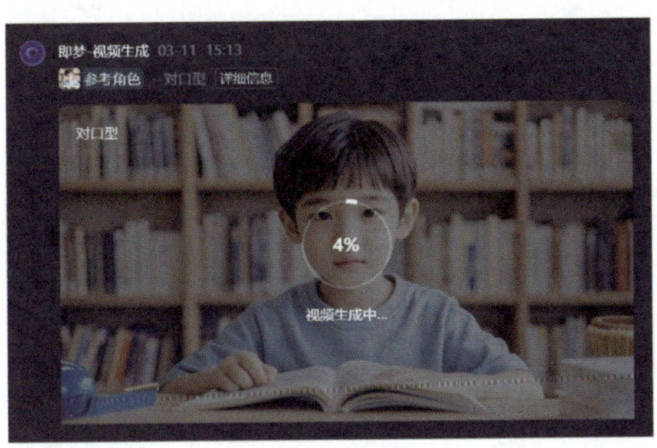


图 5-185　等待生成

生成好的视频中小明的口型和表情会根据朗读的声音而自然地变化，如图 5-186 所示。

图 5-186　视频生成效果

除“文本朗读”外，也可以上传本地配音让数字人朗读，如图 5-187 所示。

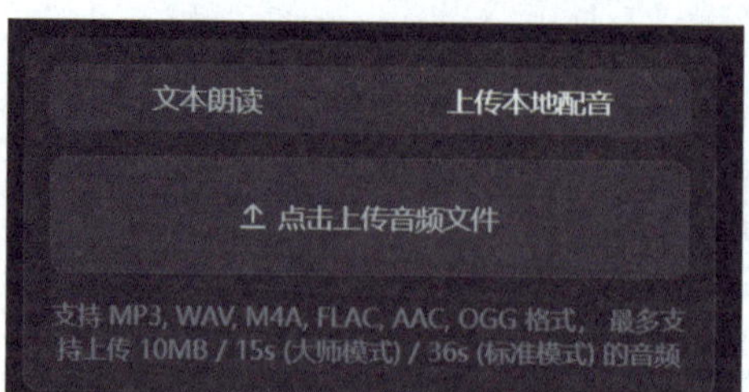


图 5-187　上传本地配音文件

## 5.4.2　动作模仿：舞蹈鬼畜搞怪视频创作利器

除了对口型以外，还可以让数字人进行动作模仿，如图 5-188 所示。

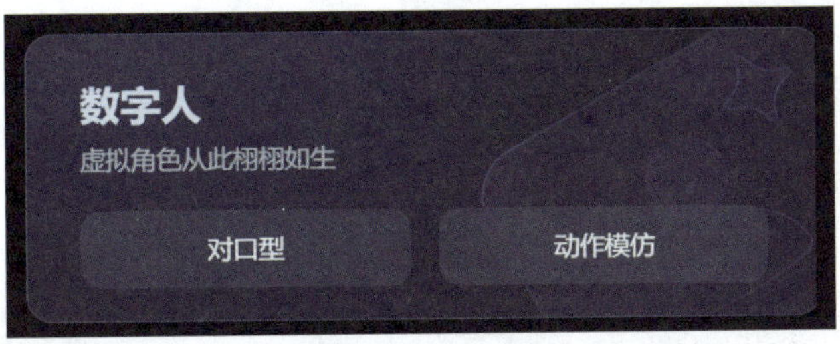


图 5-188　动作模仿

选择“动作模仿”模式，使用下方的预设模板，如图 5-189 所示。

上传的人物支持全身和半身模式，如图 5-190 所示。

我们让即梦生成一个全身像，输入提示词如图 5-191 所示。

生成人物如图 5-192 所示。

图 5-189　选择预设模板

图 5-190　导入人物

图 5-191　输入提示词

图 5-192 生成人物

这次我们从资产中选择数字人，如图 5-193 所示。

人物上传成功如图 5-194 所示。

选择预设模板生成视频，如图 5-195 所示。

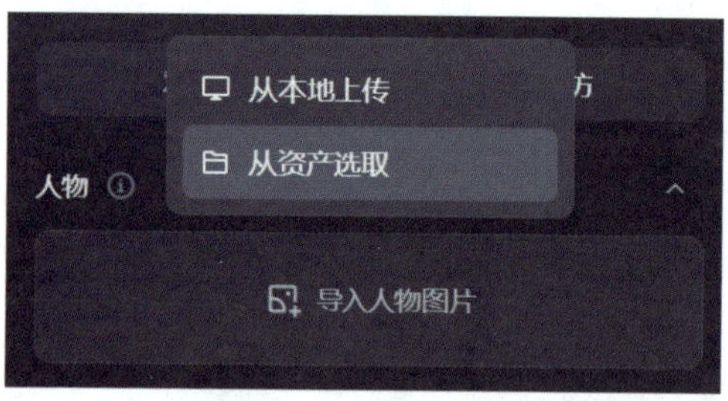


图 5-193 从资产选取

图 5-194 上传人物

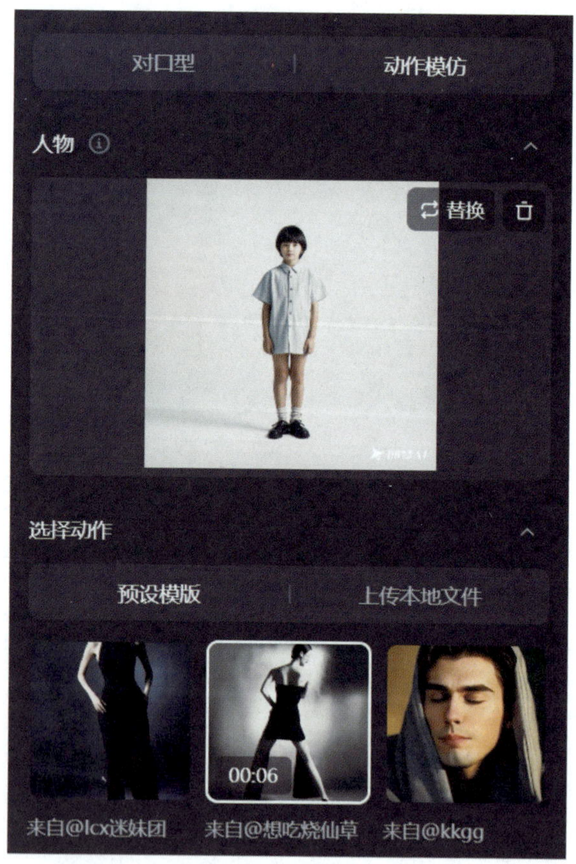


图 5-195 选择动作模板

等待生成，如图 5-196 所示。

生成后视频中的人物会跟随原本模板中的动作舞动，如图 5-197 所示。

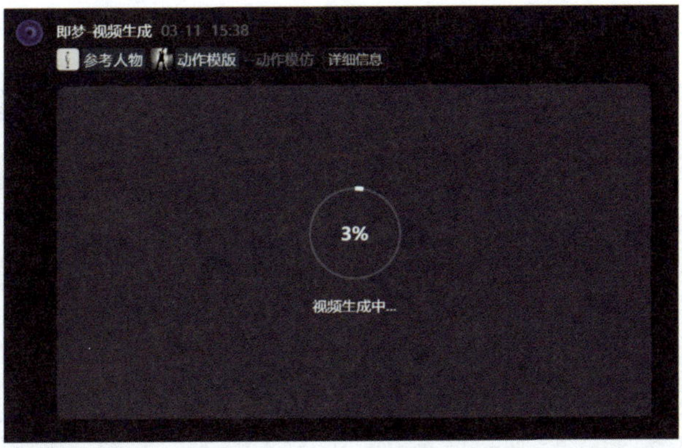


图 5-196　等待生成画面

图 5-197　生成视频动作

除了使用预设模板以外，我们还可以上传本地素材让数字人模仿，如图 5-198 所示。

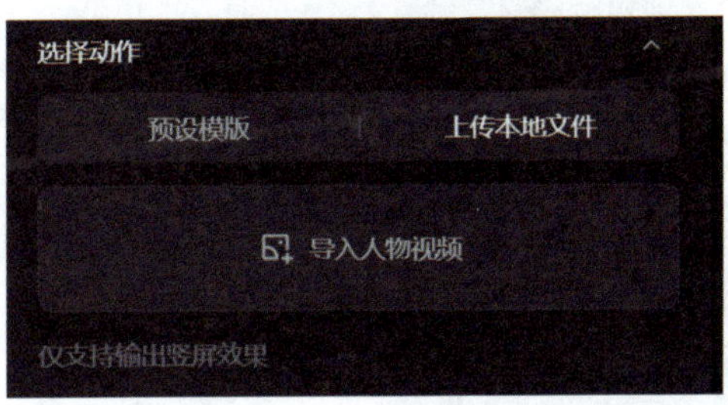


图 5-198　本地文件

## 5.5　即梦 AI 音乐

### 5.5.1　人声歌曲：赋能音乐创作

即梦 AI 可以生成音乐，如图 5-199 所示。在之前的教学中，使用即梦 AI 给视频添加音效与音乐使用的就是这个功能。

AI 音乐有两种模式，一种是人声歌曲，一种是纯音乐。我们先介绍人声歌曲生成方法。

可以手动输入歌词，也可以点击下方的“一键生词”，让 AI 帮助我们编写歌词，如图 5-200 所示。

等待歌词生成如图 5-201 所示。

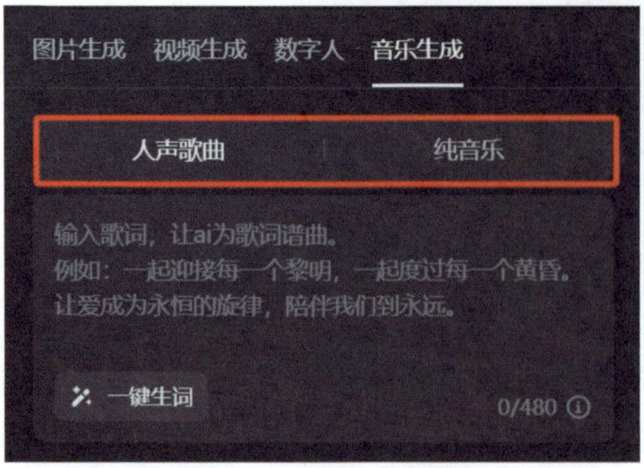


图 5-199　音乐生成界面

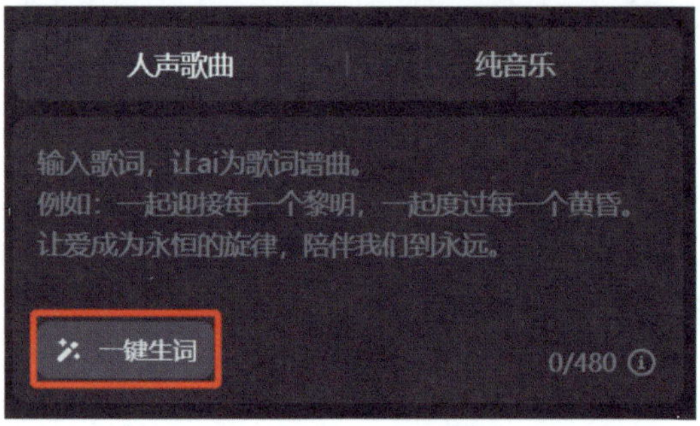


图 5-200　生成歌词

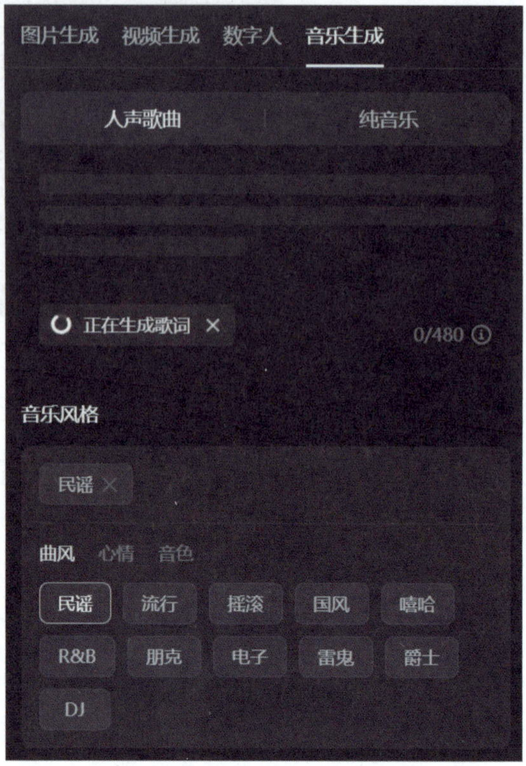


图 5-201　等待歌词生成

歌词写好以后即可让它生成音乐，如图 5-202 所示。

系统支持在线试听，如图 5-203 所示。

生成音乐的过程可以选择音乐风格，如图 5-204 所示。可根据曲风、心情、音色等分类选择不同的音乐风格。

音色可以挑选男声或女声，如图 5-205 所示。

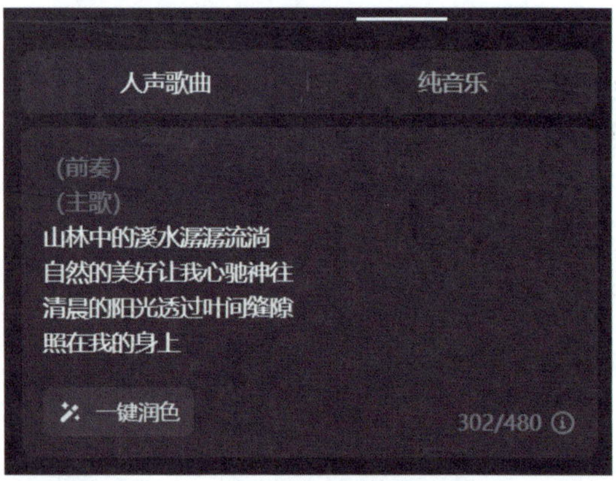


图 5-202　生成音乐

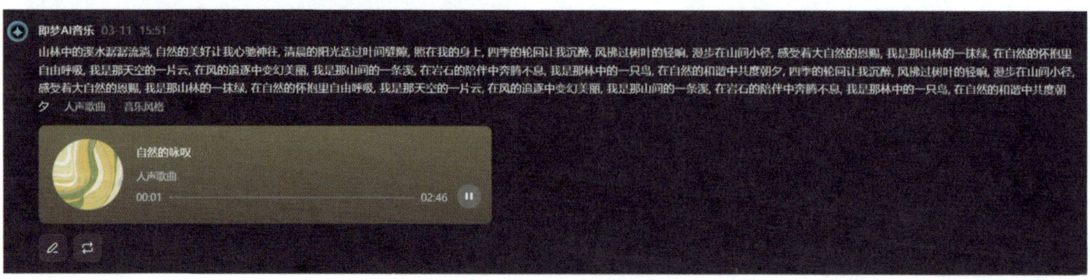


图 5-203　在线试听

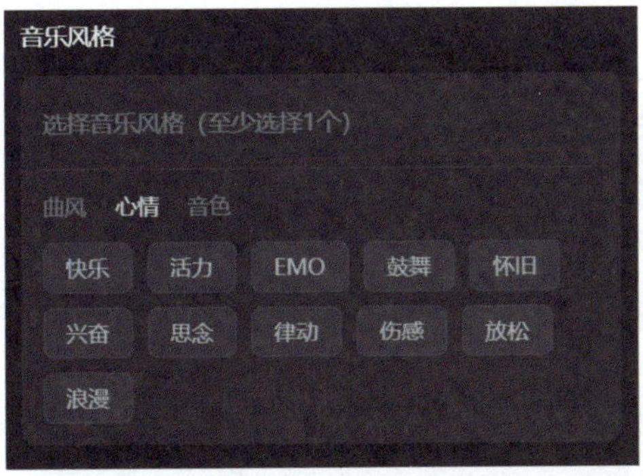


图 5-204　音乐风格

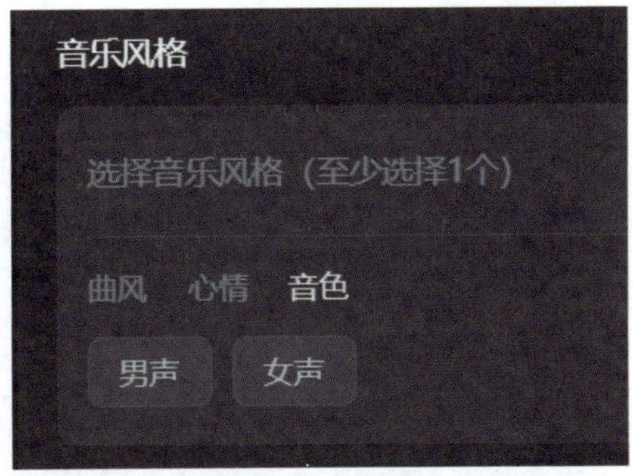


图 5-205　音色选择

## 5.5.2　纯音乐：AI 创作专属的视频背景音乐

即梦 AI 的纯音乐功能和人声歌曲功能略有区别，如图 5-206 所示。由于没有歌词，所以在一开始输入的是对纯音乐的描述。

比如我们输入一段文本，来定义这个歌曲的风格，如图 5-207 所示。

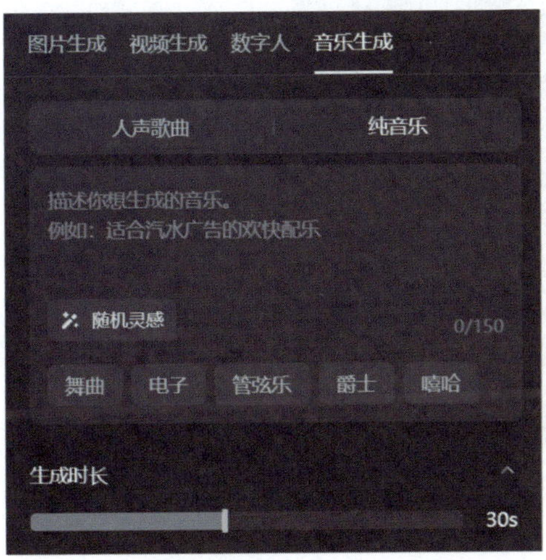


图 5-206　纯音乐

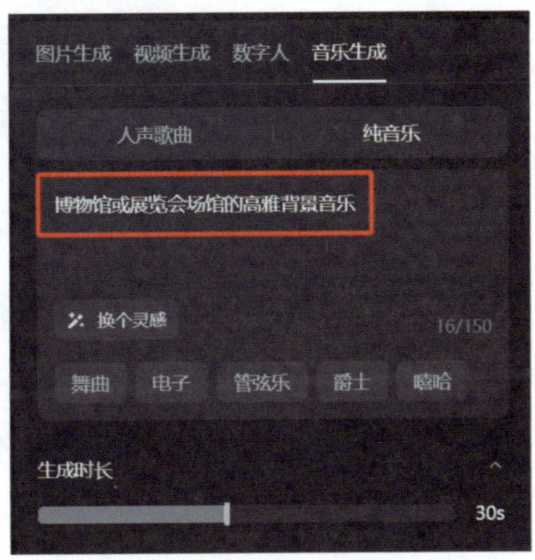


图 5-207　输入提示词

等待生成，如图 5-208 所示。

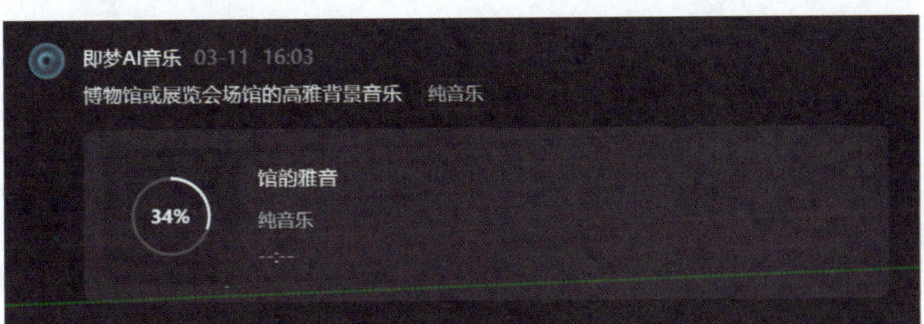


图 5-208　等待

纯音乐生成以后可以在线试听，也可以保存到本地，如图 5-209 所示。

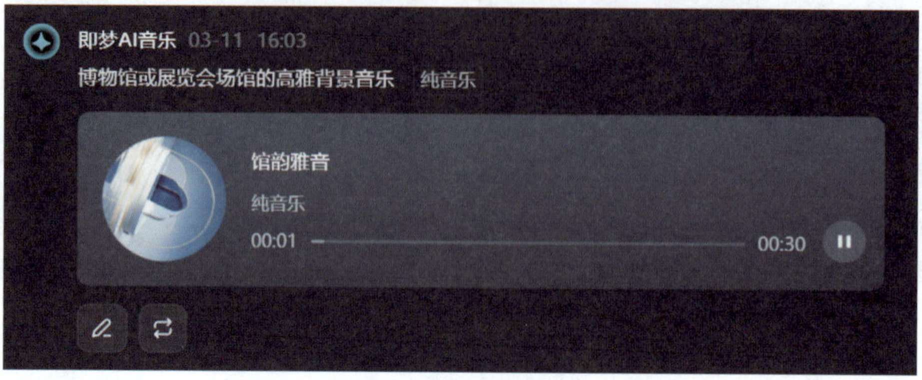


图 5-209 在线试听

除了文本描述以外，还可以点击下方系统提供的风格标签来定义音乐风格，如图 5-210 所示。

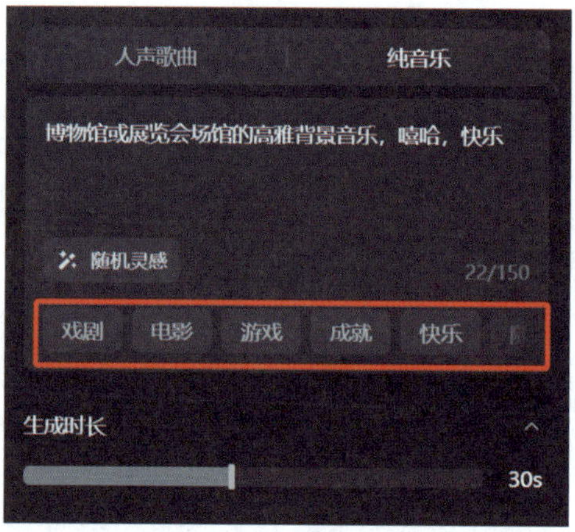


图 5-210 风格标签

生成好的音乐截图如图 5-211 所示。

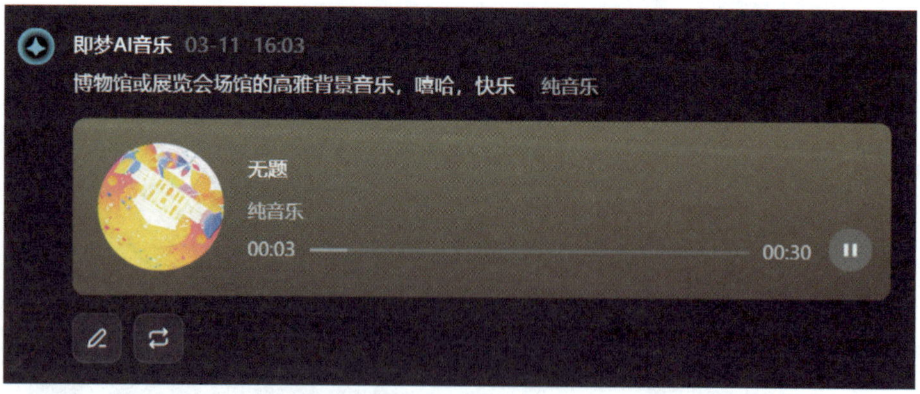


图 5-211 生成音乐截图

# 第6章

# 即梦与 DeepSeek 配合，创作专属短片

## 6.1 DeepSeek 总导演规划流程：从头脑风暴到执行清单

在制作视频之前，我们先和 DeepSeek 进行头脑风暴，在 DeepSeek 对话框中输入："你现在是一个短视频导演，我想要用即梦 AI 做一个旅游风景主题的视频，大约是 20 ~ 30 秒，即梦生成的每个视频片段是 5 秒左右，我们能先聊一聊这个主题可以做什么吗？"，如图 6-1 所示。

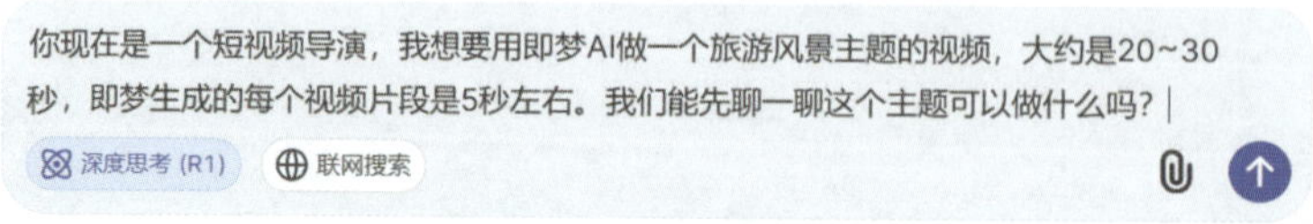


图 6-1　DeepSeek 对话（1）

关于风景主体，DeepSeek 首先帮助我们缩小主体范围，如图 6-2 所示。DeepSeek 提示：可以通过目的地、季节与时间、情感关键词细化主题。

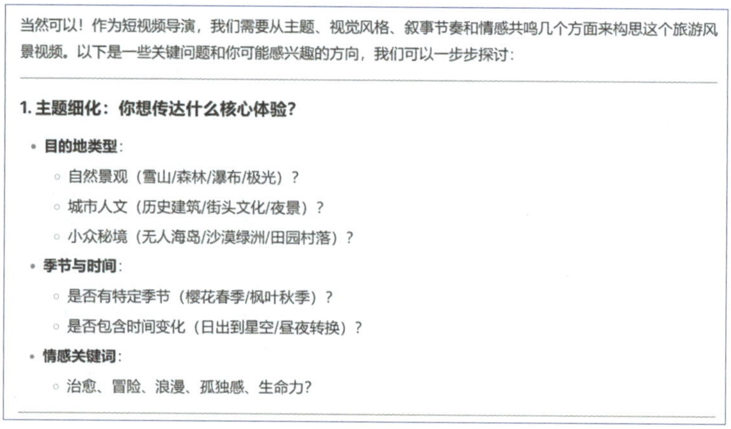

当然可以！作为短视频导演，我们需要从主题、视觉风格、叙事节奏和情感共鸣几个方面来构思这个旅游风景视频。以下是一些关键问题和你可能感兴趣的方向，我们可以一步步探讨：

**1. 主题细化：你想传达什么核心体验？**

- **目的地类型**：
  - 自然景观（雪山/森林/瀑布/极光）？
  - 城市人文（历史建筑/街头文化/夜景）？
  - 小众秘境（无人海岛/沙漠绿洲/田园村落）？
- **季节与时间**：
  - 是否有特定季节（樱花春季/枫叶秋季）？
  - 是否包含时间变化（日出到星空/昼夜转换）？
- **情感关键词**：
  - 治愈、冒险、浪漫、孤独感、生命力？

图 6-2　DeepSeek 对话（2）

关于如何用画面抓人眼球的视频的视觉风格，DeepSeek 也给出了一些建议，如图 6-3 所示。

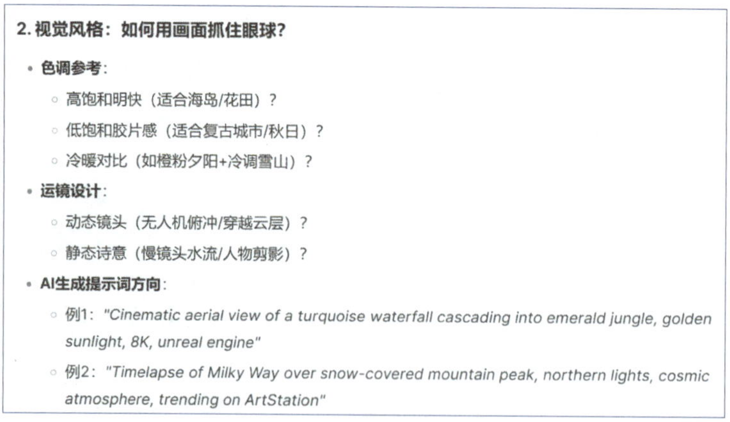

**2. 视觉风格：如何用画面抓住眼球？**

- **色调参考**：
  - 高饱和明快（适合海岛/花田）？
  - 低饱和胶片感（适合复古城市/秋日）？
  - 冷暖对比（如橙粉夕阳+冷调雪山）？
- **运镜设计**：
  - 动态镜头（无人机俯冲/穿越云层）？
  - 静态诗意（慢镜头水流/人物剪影）？
- **AI生成提示词方向**：
  - 例1："*Cinematic aerial view of a turquoise waterfall cascading into emerald jungle, golden sunlight, 8K, unreal engine*"
  - 例2："*Timelapse of Milky Way over snow-covered mountain peak, northern lights, cosmic atmosphere, trending on ArtStation*"

图 6-3　DeepSeek 对话（3）

关于视频的节奏与结构，DeepSeek 也给出了相关建议。最后，DeepSeek 还给出了关于音乐与音效的建议，如图 6-4 所示。

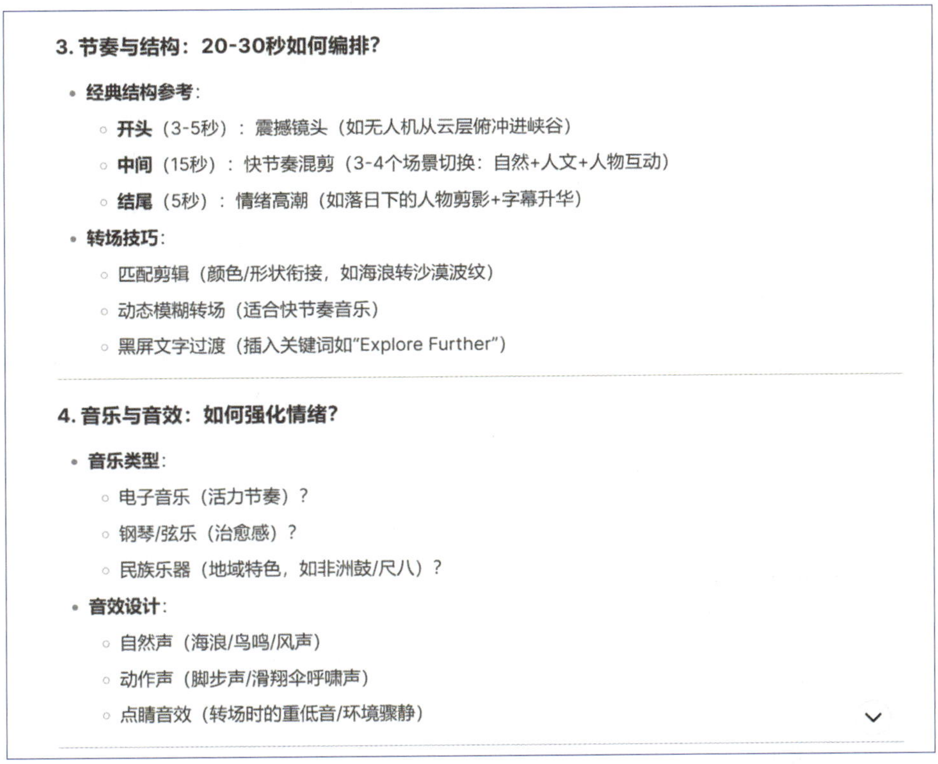


图 6-4　DeepSeek 对话（4）

## 6.2　DeepSeek 辅助编写脚本，并生成对应提示词

我们继续跟 DeepSeek 产生对话，在 DeepSeek 对话框中输入：“首先，帮我写一个脚本包含了画面，并且，帮我生成可以用语即梦 AI 的提示词，中文，不用很复杂。一共大概 5-6 个视频画面就好了。谢谢！”，如图 6-5 所示。

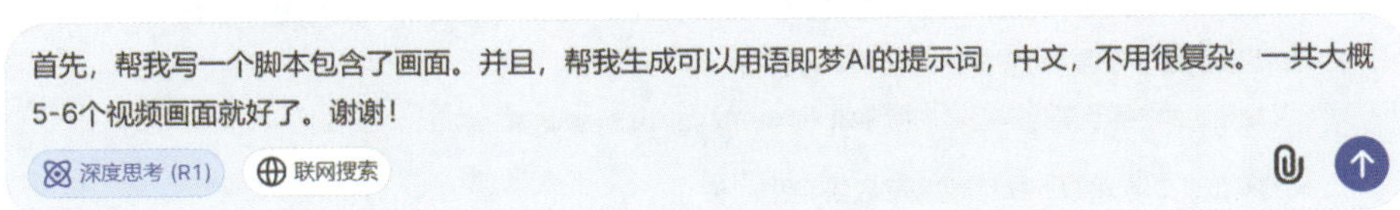


图 6-5　DeepSeek 对话（5）

DeepSeek 给出了一个 25 秒左右的短视频脚本，如图 6-6 所示。

并且还附上了能直接复制到即梦 AI 中的提示词，如图 6-7 所示。

接下来，让 DeepSeek 帮助我们生成一些旁白在 DeepSeek 对话框中输入：“这个视频，我打算用 AI 朗读一些旁白，你能帮我生成一些匹配画面的旁白吗？”，如图 6-8 所示。

**短视频脚本（总时长约25秒）**

| 时长 | 画面描述 | 镜头运动 | 色调/氛围 |
|---|---|---|---|
| 0-5秒 | **晨雾森林**：阳光穿透薄雾，镜头掠过沾满露珠的蜘蛛网，一只小鹿抬头张望 | 慢速横移+微距特写 | 青绿色调，柔光 |
| 5-10秒 | **湖泊倒影**：无人机从高空俯冲向湖面，突然定格在雪山倒影的对称画面，一片落叶打破水面 | 俯冲急停+倒影对称 | 蓝白色调，高对比 |
| 10-15秒 | **花海奔跑**：低角度跟拍赤脚女孩奔跑，裙摆扬起花瓣，背景是连绵的紫色薰衣草田 | 低角度跟拍 | 浅紫色调，动态模糊 |
| 15-20秒 | **雪山日落**：延时镜头中云层快速掠过雪山，山顶积雪逐渐染上橙粉色，人物剪影挥手 | 固定机位延时 | 冷暖色碰撞 |
| 20-25秒 | **星空篝火**：镜头从篝火星点拉远到银河全景，流星划过，配字幕“去旷野，找答案” | 拉远镜头 | 深蓝色调，星轨特效 |
| *彩蛋转场* | 海浪冲刷沙滩→波纹变成沙漠纹理（用AI匹配形状转场） | 动态模糊过渡 | 自然声衔接 |

图 6-6　DeepSeek 对话（6）

**即梦AI提示词（直接复制使用）**

1. **晨雾森林**
   `电影感晨雾森林，阳光穿透雾气，露珠蜘蛛网微距特写，柔光青绿色调，宁静治愈`
2. **湖泊倒影**
   `航拍俯冲雪山湖泊倒影，水面落叶涟漪，8K超清对称构图，蓝白色高对比`
3. **花海奔跑**
   `低角度跟拍少女赤脚奔跑薰衣草田，扬起花瓣，浅紫色调，动态模糊，逆光唯美`
4. **雪山日落**
   `延时摄影日照金山，云层流动，人物剪影挥手，橙粉色雪峰，电影级宽画幅`
5. **星空篝火**
   `银河星空下露营篝火，流星划过，深蓝色夜景，星轨特效，氛围感拉远镜头`
6. **转场彩蛋**
   `海浪波纹转沙漠纹理匹配剪辑，动态模糊过渡，自然音效衔接，4K细节`

---

**使用小技巧**

1. 在即梦AI输入提示词时，**重点标粗关键词**（如 `晨雾森林` `电影感` `青绿色调`）能提高生成准确率
2. 想要更动态效果，可在提示词结尾加 `动态运镜` `速度感` 等词
3. 如果生成结果色调偏差，追加指令如 `色调修正：加强蓝紫色饱和度`

需要调整某个场景或补充细节可以随时告诉我！🌿

图 6-7　DeepSeek 对话（7）

这个视频，我打算用AI朗读一些旁白，你能帮我生成一些匹配画面的旁白吗？

深度思考 (R1)　联网搜索

图 6-8　DeepSeek 对话（8）

DeepSeek 立刻给我们生成了风格偏向“诗意治愈 + 自然哲思”类型的旁白，如图 6-9 所示。

好的！以下是匹配5个画面场景的旁白文案，风格偏向**诗意治愈+自然哲思**，每句控制在5-10字内（适配20-30秒视频节奏），并标注对应的画面节点：

**旁白脚本**

1. **晨雾森林**（0-5秒）
   *“你听，露珠坠落的回响...是森林的早安。”*
   *（配合小鹿抬头画面，加入水滴音效）*
2. **湖泊倒影**（5-10秒）
   *“俯冲，与天空坠入同一面镜子。”*
   *（落叶打破水面时，同步水花声）*
3. **花海奔跑**（10-15秒）
   *“把心事丢进风里，让脚印开成花。”*
   *（裙摆扬起花瓣瞬间提高背景音乐音量）*
4. **雪山日落**（15-20秒）
   *“时间在云上写诗，而我们读懂了光。”*
   *（延时镜头加速时拉长尾音）*
5. **星空篝火**（20-25秒）
   *“当篝火遇见银河——旷野的答案，是燃烧的星。”*
   *（“星”字与流星划过画面精准卡点）*

图 6-9　DeepSeek 对话（9）

同时 DeepSeek 给出了 AI 朗读参数的建议以及字母设计的建议，如图 6-10 所示。

**增强沉浸感的小技巧：**

1. **AI朗读参数建议：**
   - 选择偏**温柔女声**（避免机械感），语速调慢至0.8倍速
   - 在“坠落”“燃烧”等词后加0.3秒停顿
   - 为“早安”“星”等结尾词添加轻微回声特效
2. **字幕设计：**
   - 用**手写字体**，字号随画面动态缩放（如“俯冲”二字随无人机俯冲放大）
   - 在“镜子”“花”“光”等关键词出现时，叠加粒子消散动画
3. **音画对齐公式：**

```
复制
画面高潮点 = 旁白动词/名词 + 音效 + 音乐鼓点
（例如：落叶打破水面时，同步"镜子"尾音+水花声+钢琴重音）
```

需要调整文风（如更文艺/更口语化）或增加金句可以告诉我，我会提供备选方案！

图 6-10　DeepSeek 对话（10）

## 6.3　即梦 AI 生成图片、视频片段、音乐等素材以及注意事项

利用 DeepSeek 完成素材准备之后，我们就可以正式进入即梦 AI 的“故事创作”了，如图 6-11 所示。

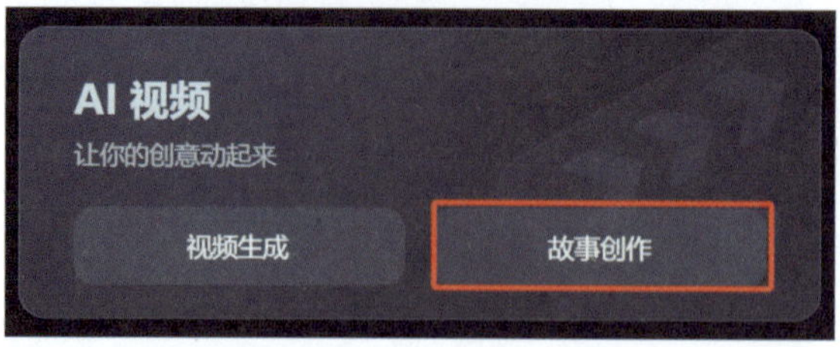


图 6-11　故事创作

选择“创建空白分镜”，如图 6-12 所示。

图 6-12　创建空白分镜

我们将刚才 DeepSeek 写好的文本（图 6-7 中晨雾森林）复制到分镜 1，如图 6-13 所示。

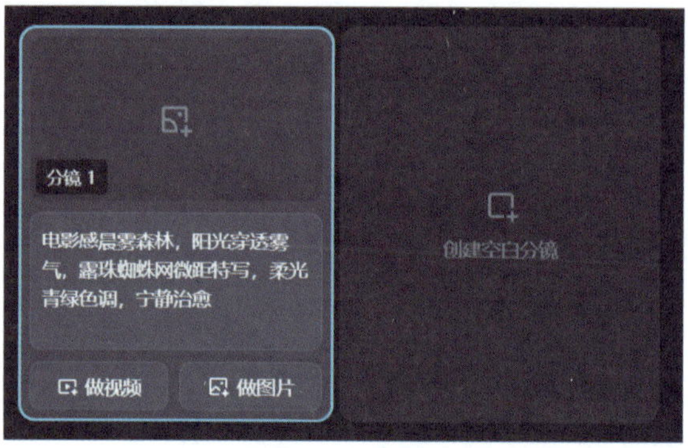


图 6-13　分镜 1

再创建分镜 2，复制进来图 6-7 中湖泊倒影脚本，如图 6-14 所示。

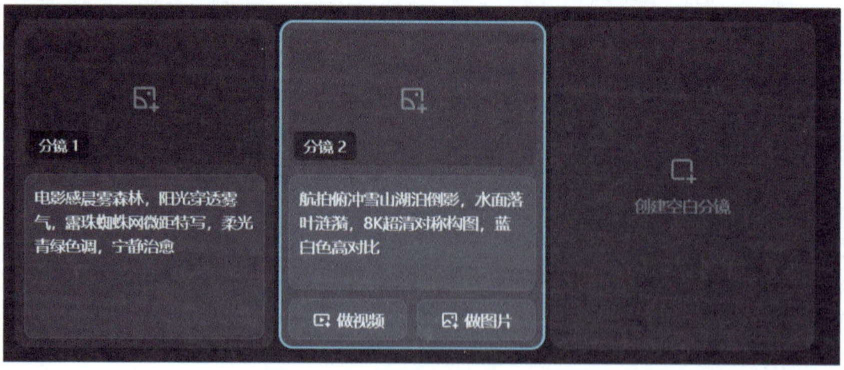


图 6-14　分镜 2

以此类推，一直做到分镜 6，如图 6-15 所示。

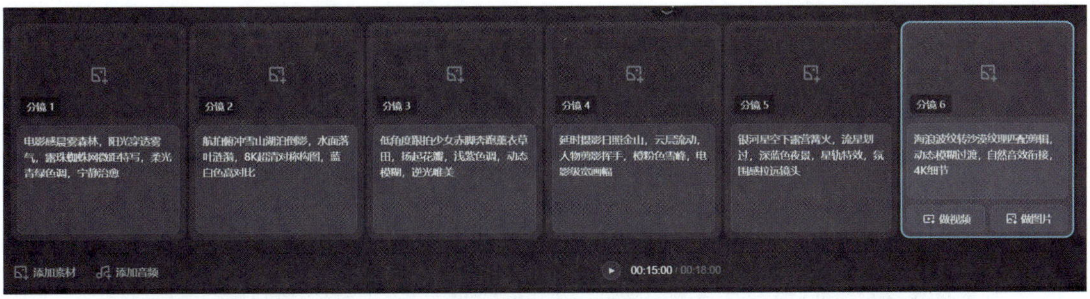


图 6-15　多个分镜

将分镜 1 转换为视频，如图 6-16 所示。

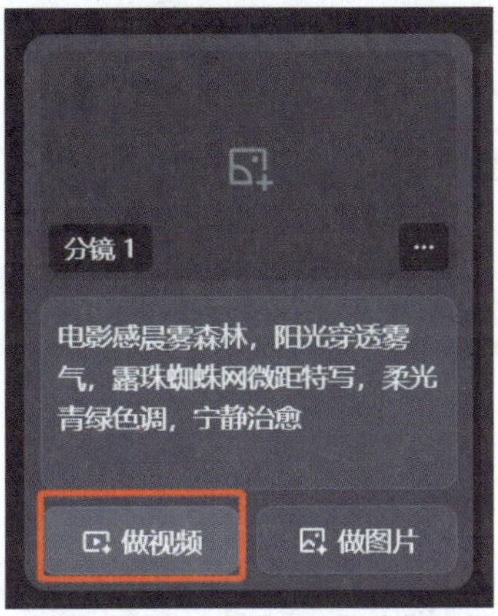


图 6-16　点击做视频按钮

视频设置参数保持默认即可，如图 6-17 所示。

分镜 2 也转换为视频，如图 6-18 所示。

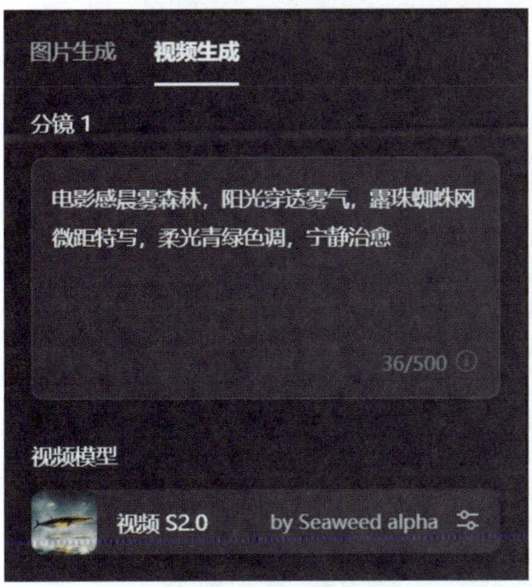


图 6-17　视频参数保持默认

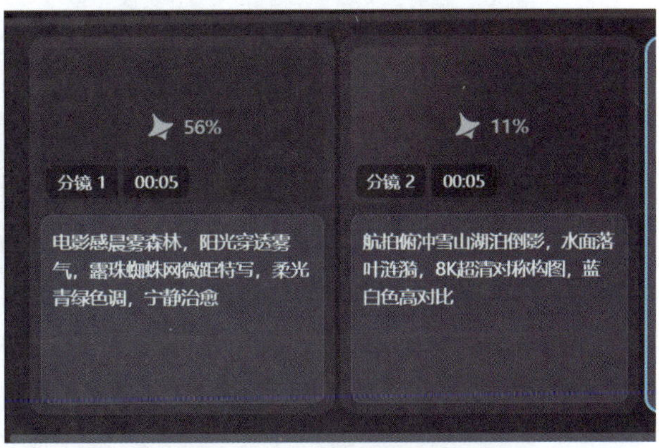


图 6-18　分镜 2 转换为视频

分镜 1 和分镜 2 生成好视频以后，我们可以预览其效果，如图 6-19 所示。

图 6-19　视频预览

将剩下的分镜都转换为视频，预览整个视频效果如图 6-20 所示。

图 6-20　整体视频预览

如果对某个片段不够满意，可以重新编辑文字描述，点击“重新编辑”按钮，如图 6-21 所示。

图 6-21　重新编辑

新的视频片段效果如图 6-22 所示。

图 6-22　修改后视频预览

修改之前的分镜视频也会被保留，如图 6-23 所示。

图 6-23　保留多方案

同理，我们将分镜 3 视频也进行修改替换，如图 6-24 所示。

图 6-24　重新编辑分镜 3 视频

生成一个全新的分镜视频。此时所有的视频画面都处理完成，如图 6-25 所示。

图 6-25　视频预览

将所有分镜视频导出到剪映，如图 6-26 所示。

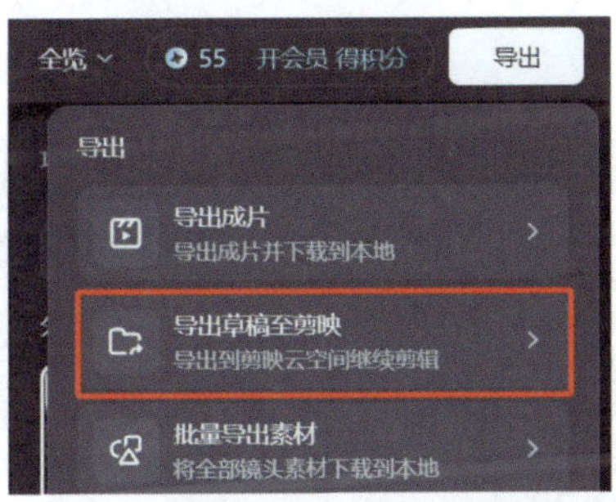


图 6-26　导出所有分镜视频

## 6.4　素材导入剪映

导入完成，如图 6-27 所示。

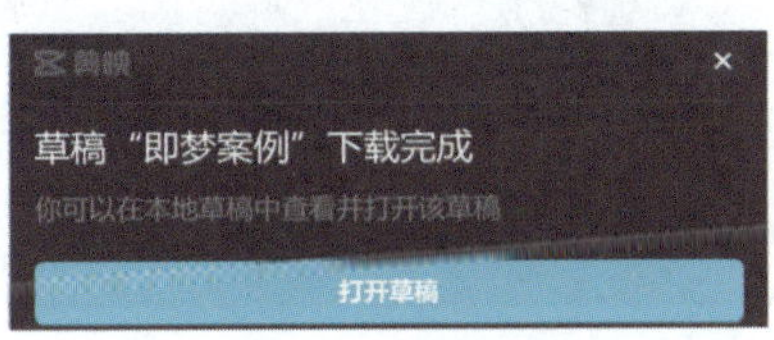


图 6-27　打开草稿

视频片段被导入至时间轴，可在剪映中开始编辑，如图 6-28 所示。

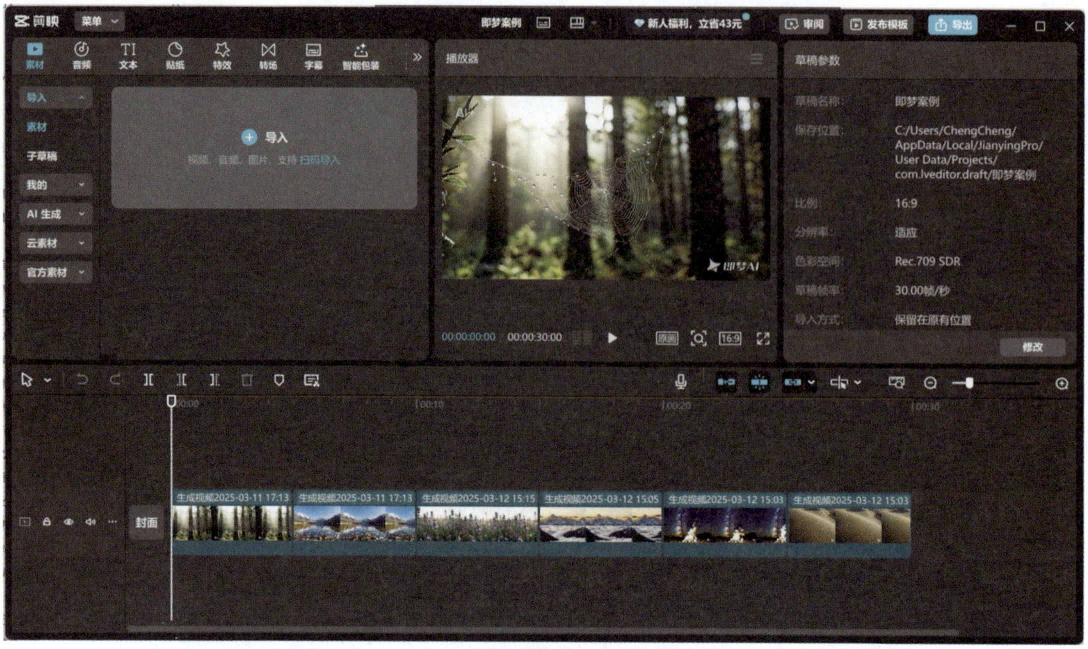


图 6-28　剪映界面

## 6.5　音乐与音效

首先为视频添加背景音乐和音效，在“音频”面板中选择一个轻音乐，导入到时间轴，如图 6-29 所示。

图 6-29　音频面板

将时间指针拖拽到视频的末尾，将音乐分割成两段，删掉右侧多余的部分，如图 6-30 所示。

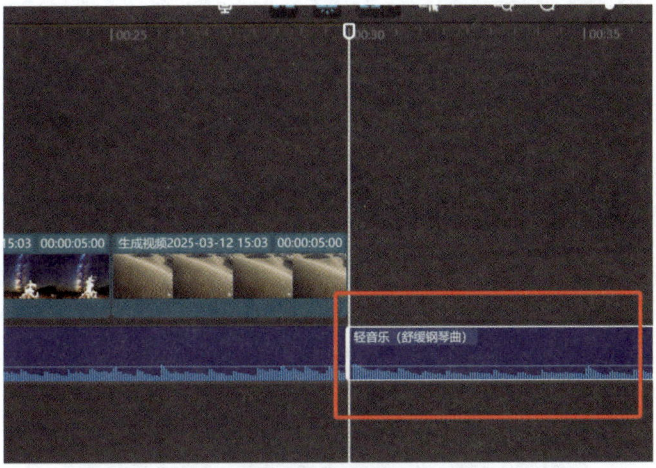


图 6-30　修剪音频

将音乐的声音降低，设置淡入淡出时长，参数如图 6-31 所示。

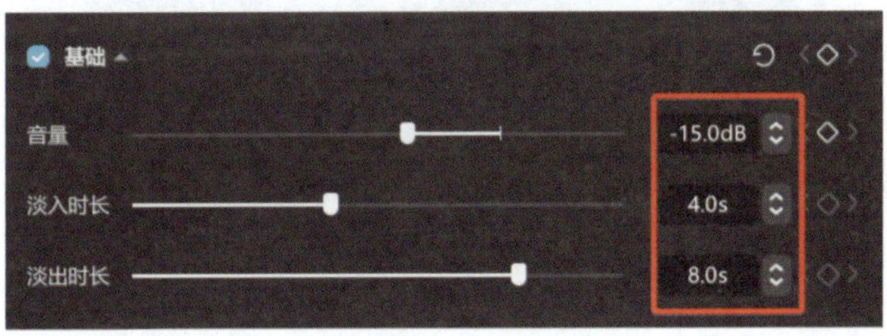


图 6-31　调整声音

接下来添加音效，如图 6-32 所示。

图 6-32　添加音效（1）

在搜索框中输入“自然”，选择与自然相关的音效添加到时间轴，如图 6-33 所示。

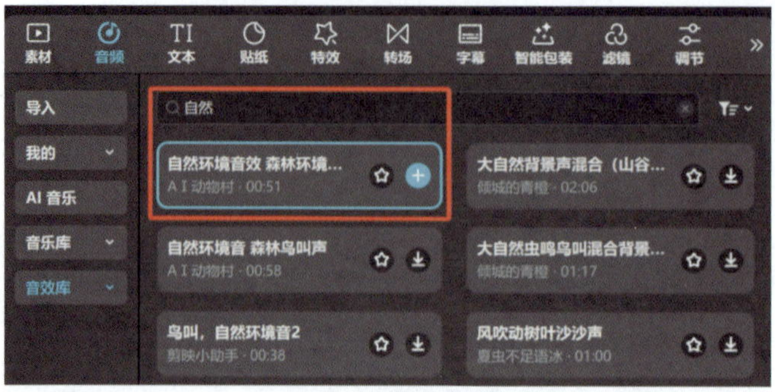


图 6-33　搜索音效（1）

将“自然环境音效”添加到分镜 1 和分镜 2 视频下方，如图 6-34 所示。

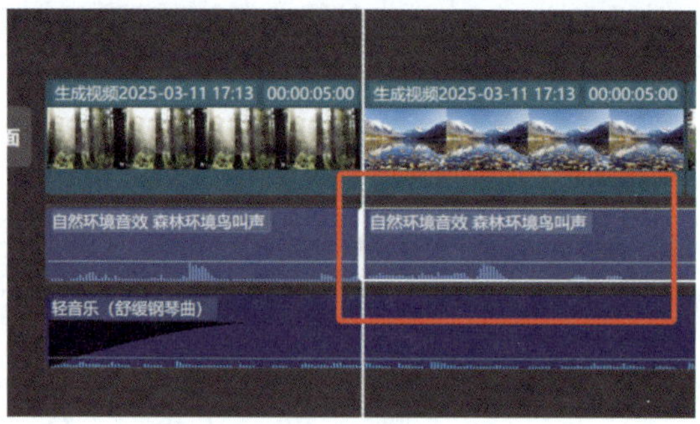


图 6-34　添加音效（2）

再搜索“湖泊”音效，添加到分镜 2 视频下方，如图 6-35 所示。

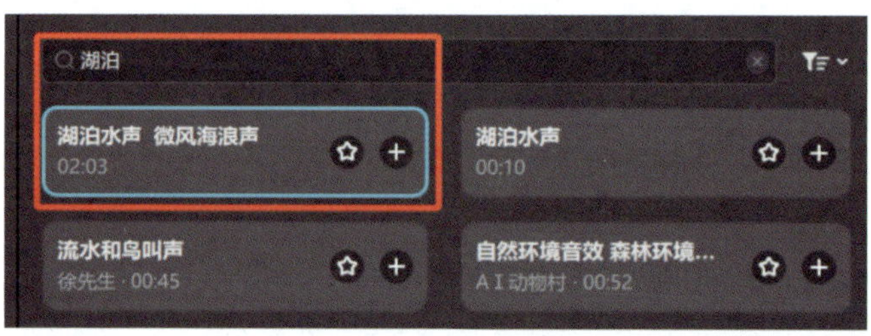


图 6-35　搜索音效（2）

降低音效的音量，如图 6-36 所示。

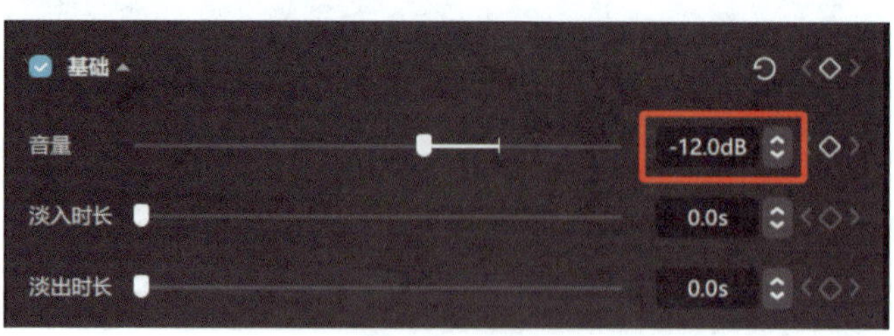


图 6-36　修改音效属性（1）

搜索“春天”相关的音效，添加该音效到分镜 3 视频下方，如图 6-37 所示。

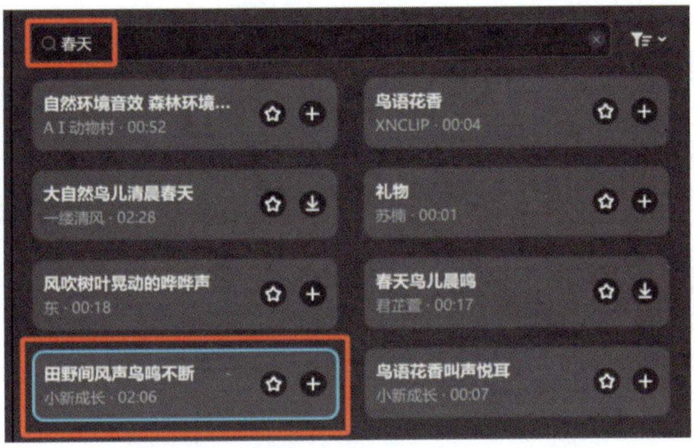


图 6-37　搜索音效（3）

添加效果如图 6-38 所示。

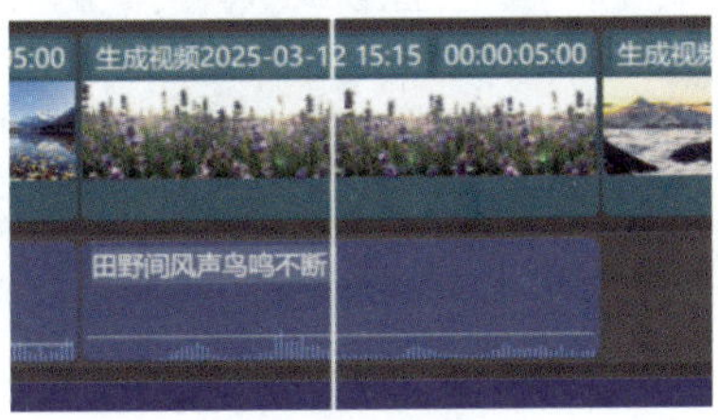


图 6-38　添加音效（3）

搜索“风”相关的音效，如图 6-39 所示。

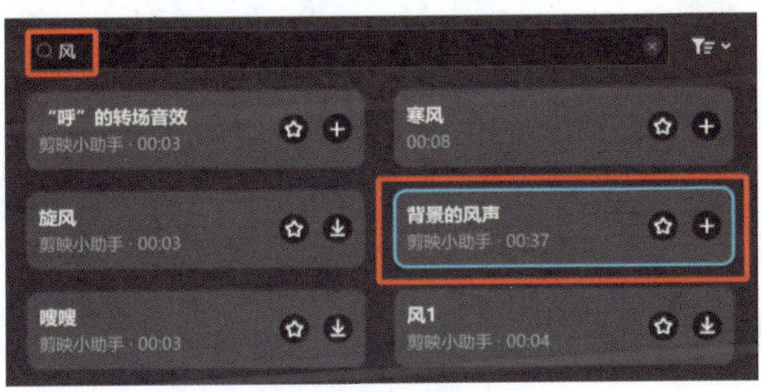


图 6-39　搜索音效（4）

将该音效添加到山峰的分镜之下，如图 6-40 所示。

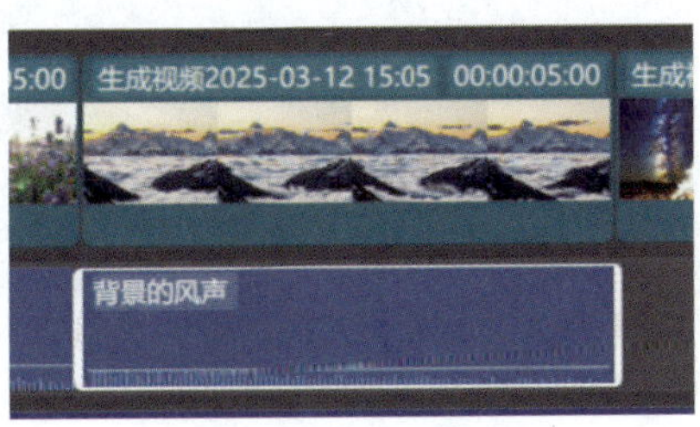


图 6-40　添加音效（4）

搜索“柴火”音效，如图 6-41 所示。

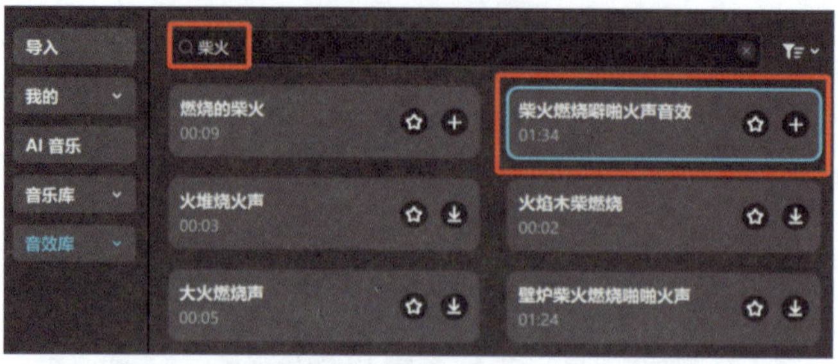


图 6-41　搜索音效（5）

将该音效添加到篝火分镜下，如图 6-42 所示。

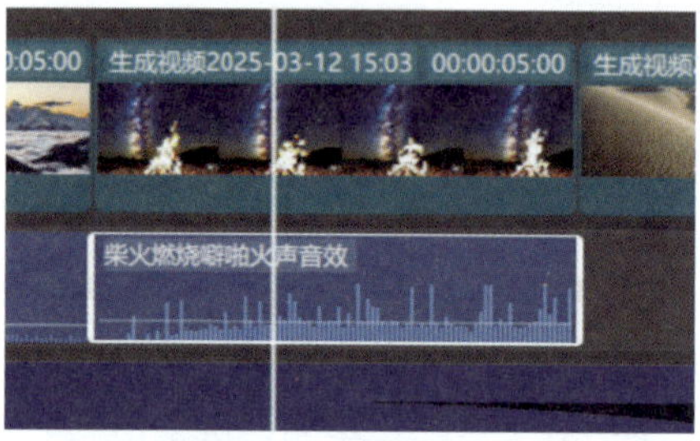


图 6-42　添加音效（5）

搜索“沙漠”音效，如图 6-43 所示。

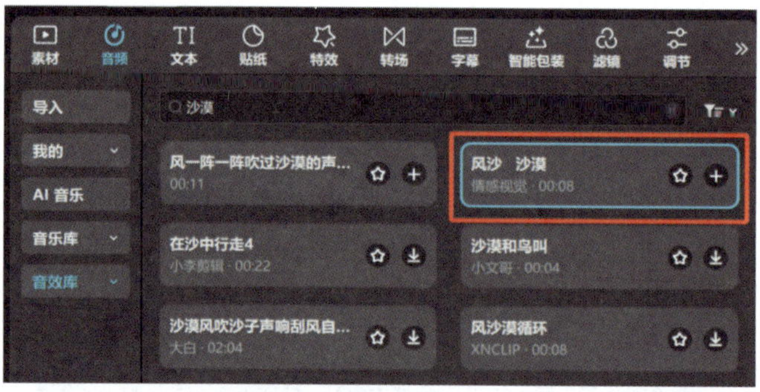


图 6-43　搜索音效（6）

降低该音效音量，并且设置淡出时长，参数设置如图 6-44 所示。

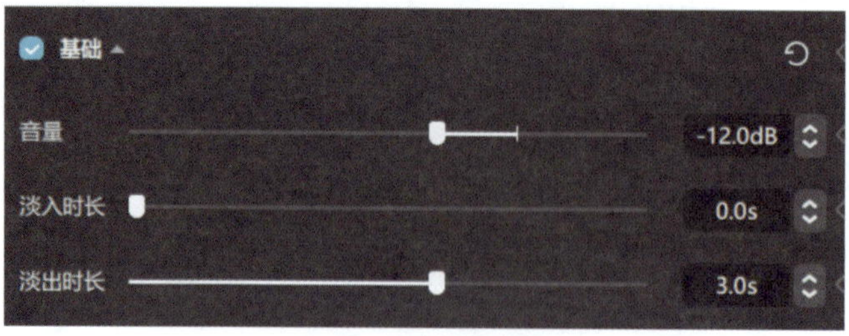


图 6-44　修改音效属性（2）

将该音效放到最后一个分镜视频下方，如图 6-45 所示。

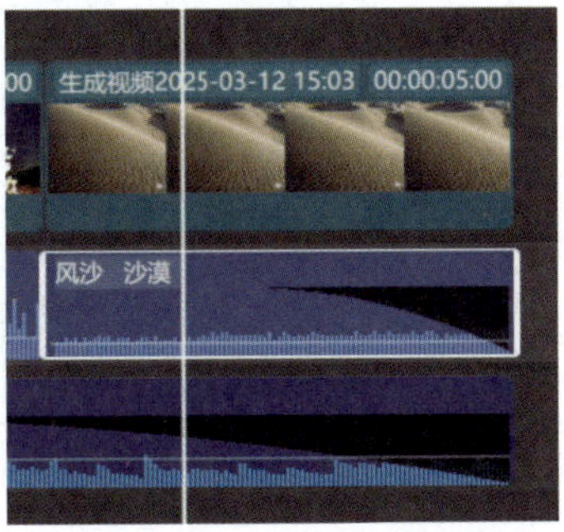


图 6-45 添加音效（6）

## 6.6 AI 旁白与字幕

之前 DeepSeek 生成的一版旁白不能直接复制，如图 6-46 所示。

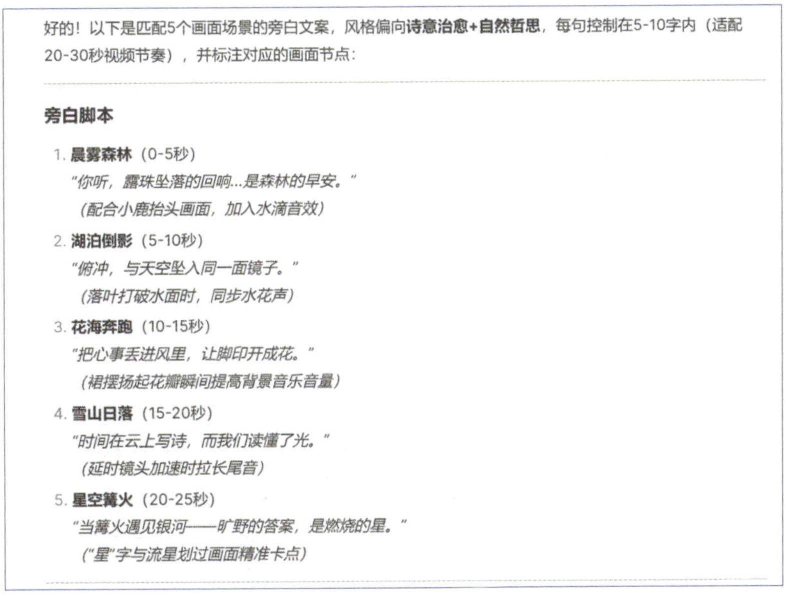

好的！以下是匹配5个画面场景的旁白文案，风格偏向**诗意治愈+自然哲思**，每句控制在5-10字内（适配20-30秒视频节奏），并标注对应的画面节点：

**旁白脚本**

1. **晨雾森林**（0-5秒）
   *“你听，露珠坠落的回响...是森林的早安。”*
   *（配合小鹿抬头画面，加入水滴音效）*
2. **湖泊倒影**（5-10秒）
   *“俯冲，与天空坠入同一面镜子。”*
   *（落叶打破水面时，同步水花声）*
3. **花海奔跑**（10-15秒）
   *“把心事丢进风里，让脚印开成花。”*
   *（裙摆扬起花瓣瞬间提高背景音乐音量）*
4. **雪山日落**（15-20秒）
   *“时间在云上写诗，而我们读懂了光。”*
   *（延时镜头加速时拉长尾音）*
5. **星空篝火**（20-25秒）
   *“当篝火遇见银河——旷野的答案，是燃烧的星。”*
   *（“星”字与流星划过画面精准卡点）*

图 6-46 DeepSeek 对话（1）

使用 DeepSeek 改变旁白的格式，如图 6-47 所示。

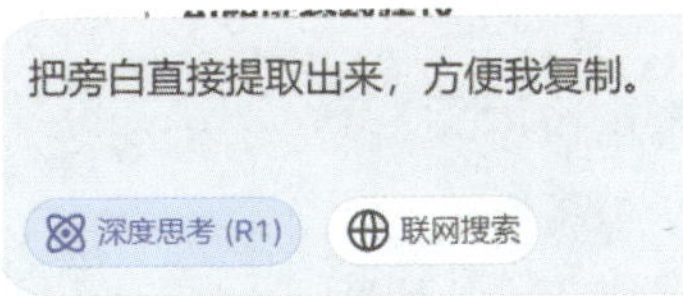


图 6-47 DeepSeek 对话（2）

此时的文本可以比较方便地复制到剪映，如图 6-48 所示。

在剪映“文本”选项卡中，点击“添加口播稿”，如图 6-49 所示。

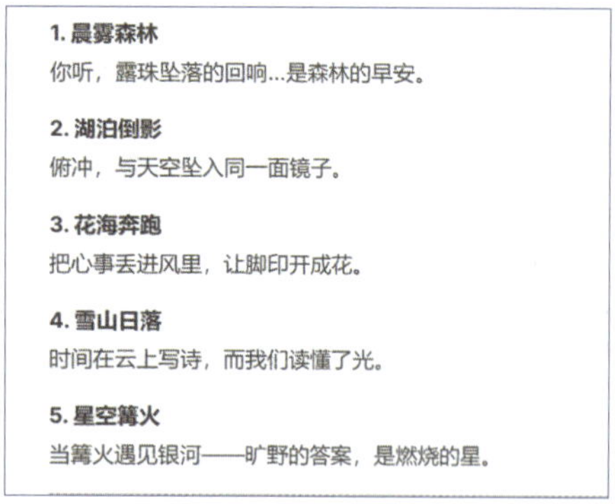
1. 晨雾森林
你听，露珠坠落的回响...是森林的早安。
2. 湖泊倒影
俯冲，与天空坠入同一面镜子。
3. 花海奔跑
把心事丢进风里，让脚印开成花。
4. 雪山日落
时间在云上写诗，而我们读懂了光。
5. 星空篝火
当篝火遇见银河——旷野的答案，是燃烧的星。

图 6-48　DeepSeek 对话（3）

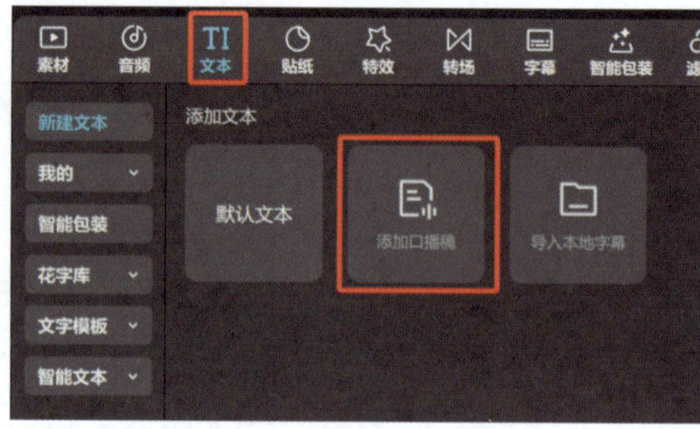


图 6-49　文本选项卡

将 DeepSeek 生成的旁白文本复制进来，点击右下角的“添加到轨道（时间轴）”按钮，如图 6-50 所示。

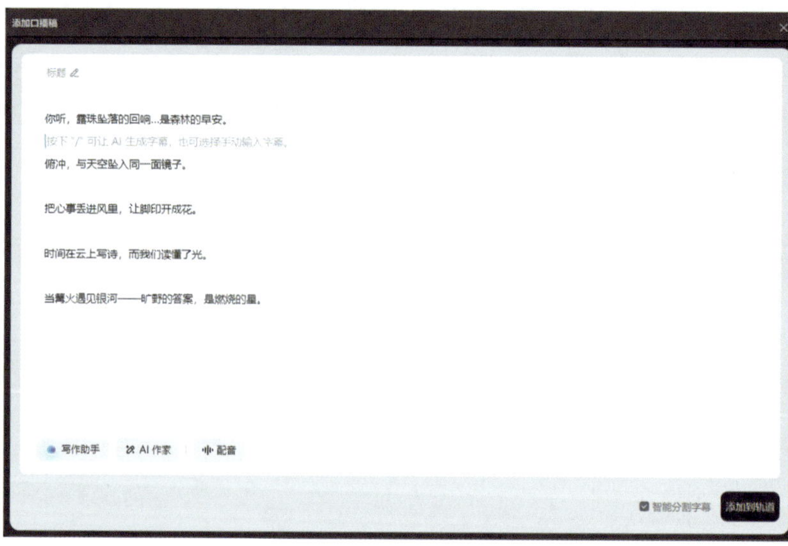


图 6-50　添加到轨道

现在只有 5 个场景的旁白，还缺少分镜 6 的旁白，如图 6-51 所示。

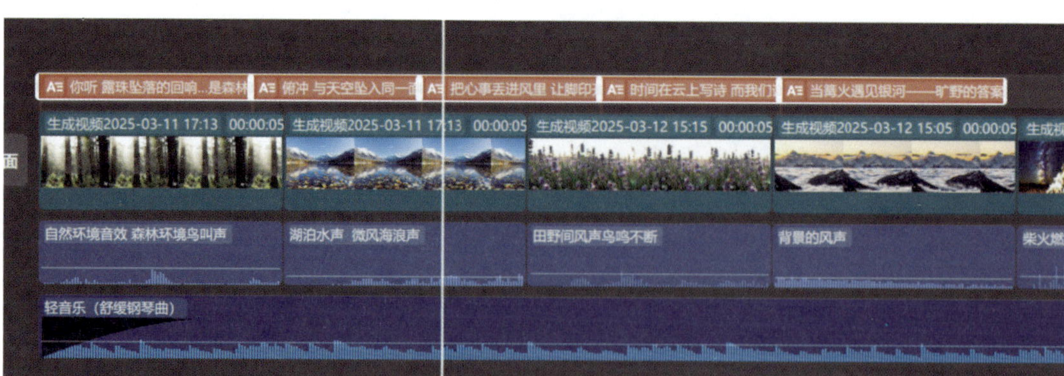


图 6-51　时间轴

使用 DeepSeek 补充分镜 6 旁白，如图 6-52 所示。

我们将补充好的旁白补充到时间轴上，如图 6-53 所示。

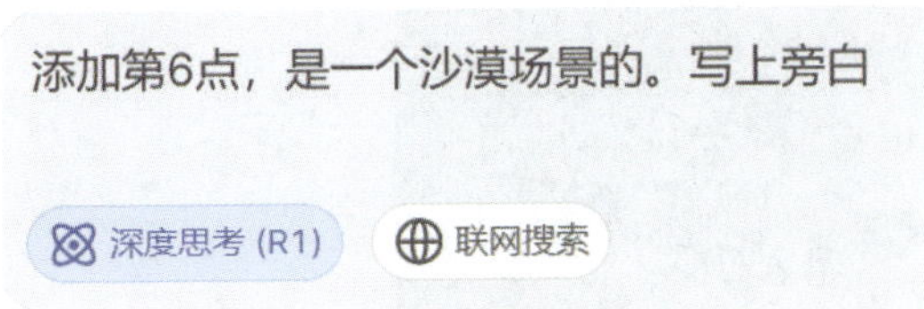


图 6-52　DeepSeek 对话（4）

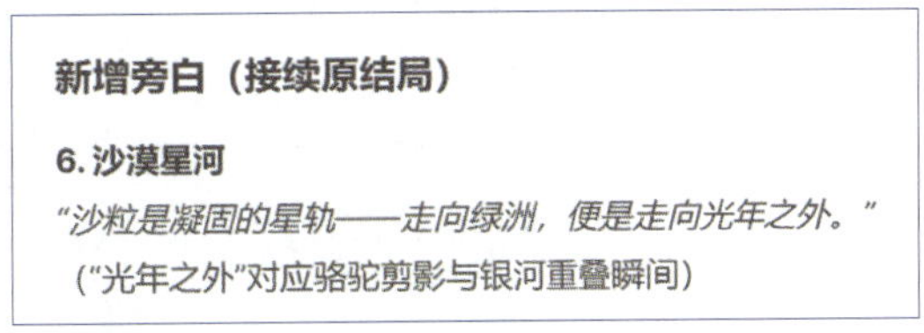


图 6-53　DeepSeek 对话（5）

并与最后的视频画面对齐，如图 6-54 所示。

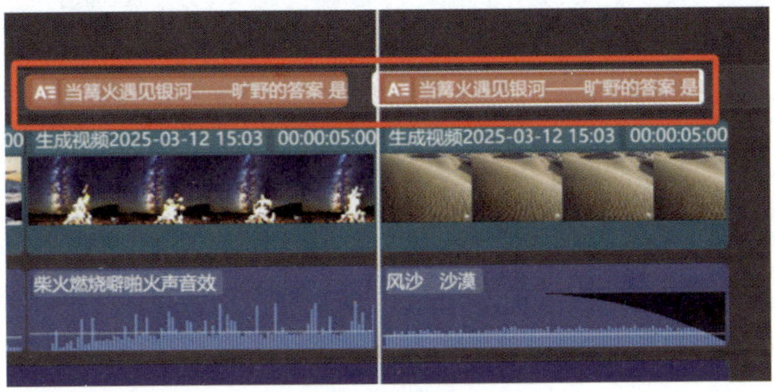


图 6-54　添加字幕

现在的文本太大，不够美观，我们后面再调整，如图 6-55 所示。

图 6-55　字幕预览

选中所有的字幕滑块，使用数字人 AI 朗读旁白，如图 6-56 所示。

图 6-56　选中字幕

选中一个音色，点击“开始朗读”，如图 6-57 所示。

图 6-57　文本朗读

朗读后，系统会生成若干个音频文本，如图 6-58 所示。

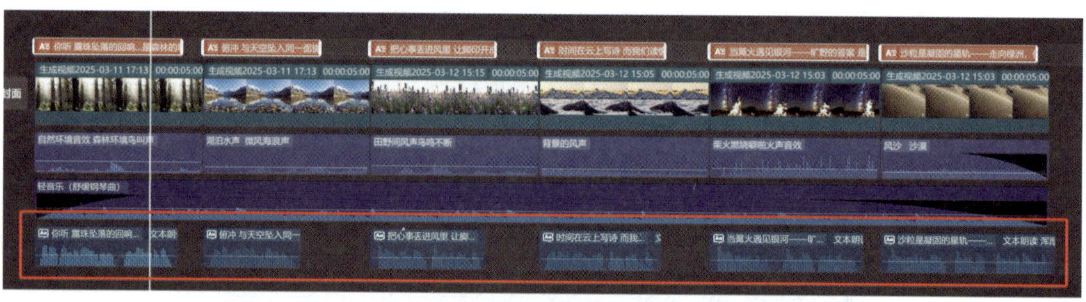

图 6-58　生成音频文本

将所有的文本与对应的音频文件时长对齐，如图 6-59 所示。

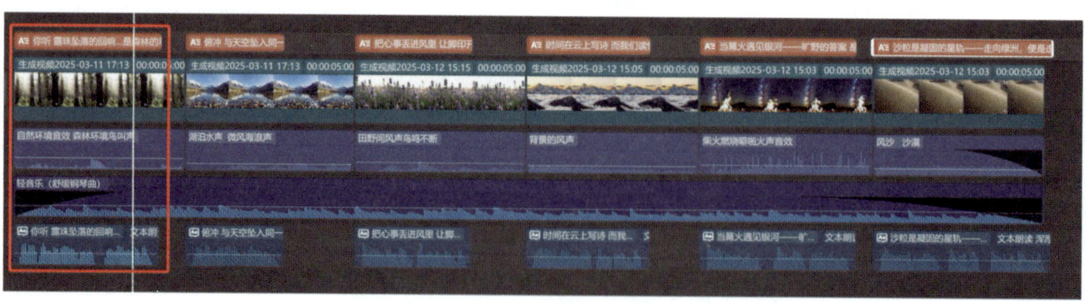

图 6-59　文本与对应音频文件对齐

切换到“字幕”选项卡，选择“手写”字幕效果，点击“全部字幕应用”按钮，如图 6-60 所示。

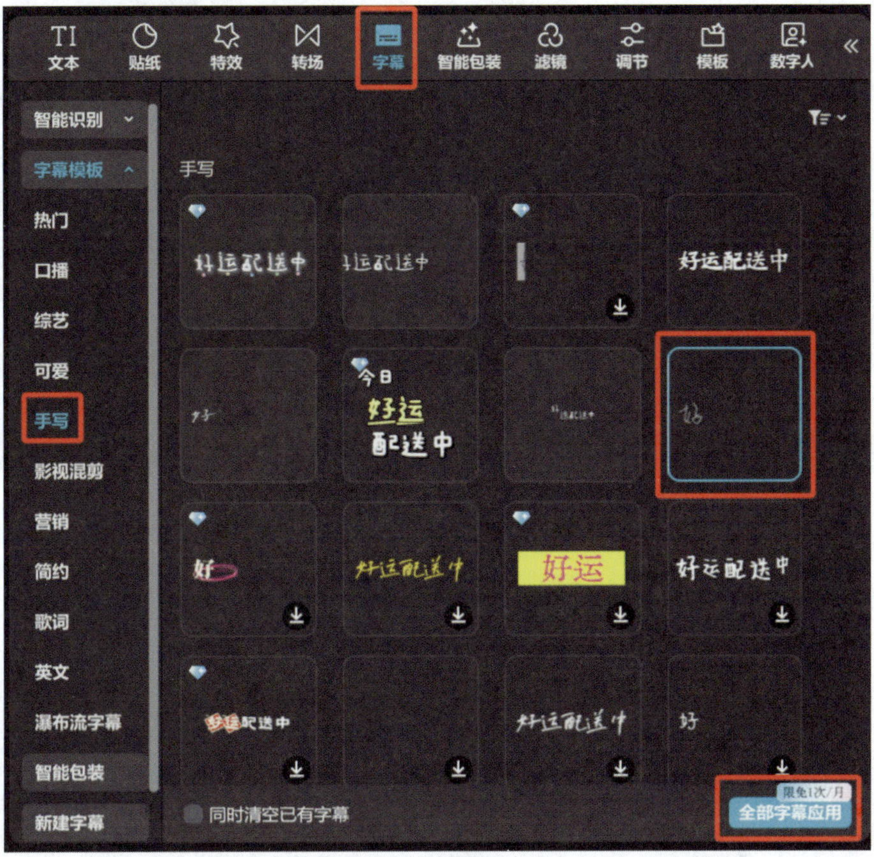


图 6-60　字幕面板

等待字幕效果生成，如图 6-61 所示。

图 6-61　识别字幕

系统会生成新的字幕，我们删除原来的字幕，如图 6-62 所示。

图 6-62　生成新字幕

此时的字幕效果更加美观，如图 6-63 所示。

图 6-63　字幕效果

## 6.7　特效

接下来给视频添加特效，切换到“特效”选项卡，添加“丁达尔光线”特效，如图 6-64 所示。

将特效放在分镜 1 上方，如图 6-65 所示。

添加特效后会让画面更精致，如图 6-66 所示。

图 6-64　特效

图 6-65　添加特效（1）

图 6-66　效果预览（1）

添加“梦幻辉光”特效，如图 6-67 所示。

图 6-67　搜索特效

将该特效添加到分镜 2 和分镜 3，调整持续时间与两个视频的时长一致，如图 6-68 所示。

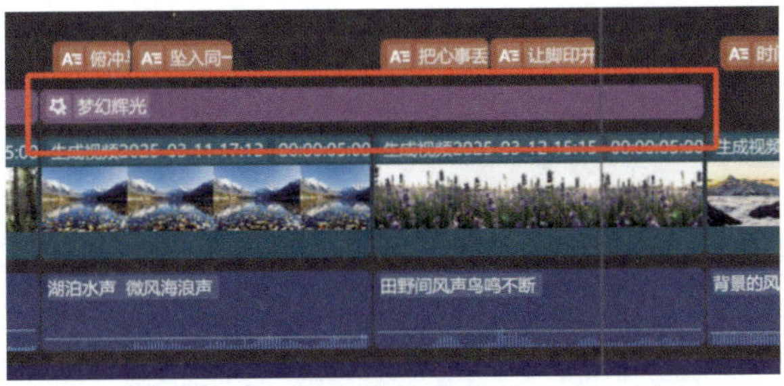


图 6-68　添加特效（2）

添加辉光特效会让画面更梦幻，如图 6-69 所示。

给山峰分镜添加“大雪”特效，如图 6-70 所示。

图 6-69　效果预览（2）

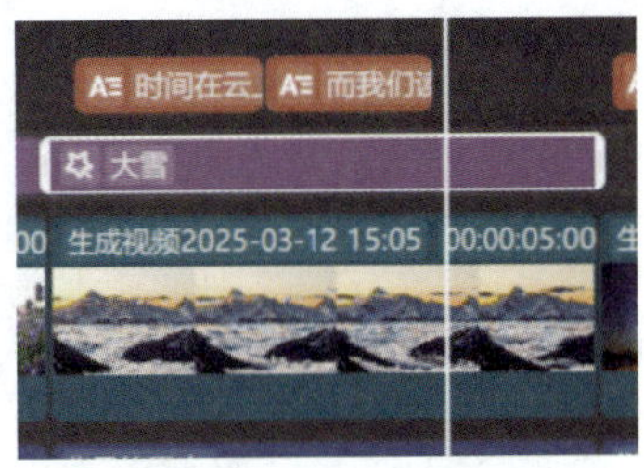


图 6-70　添加特效（3）

“大雪”特效效果预览，如图 6-71 所示。

图 6-71　效果预览（3）

给篝火分镜添加“星火”特效，如图 6-72 所示。

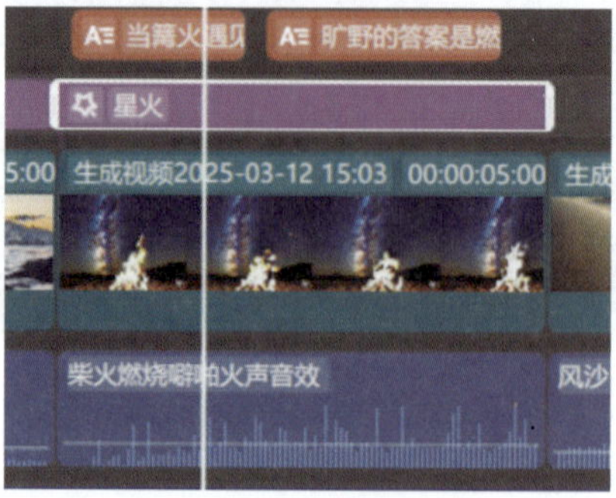


图 6-72　添加特效（4）

此时篝火分镜就有了更多“火星”的细节效果，如图 6-73 所示。

图 6-73　效果预览（4）

给沙漠分镜添加“流动烟雾”效果，如图 6-74 所示。

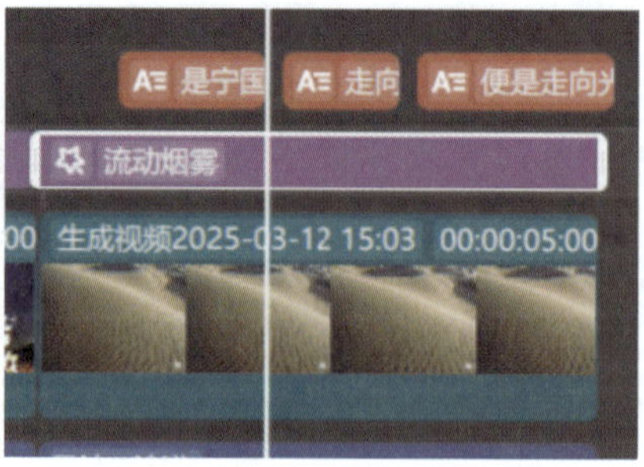


图 6-74　添加特效（5）

添加后的效果如图 6-75 所示。

图 6-75　效果预览（5）

## 6.8　转场

最后为视频添加转场，切换到“转场”面板，选择“闪黑”转场，如图 6-76 所示。

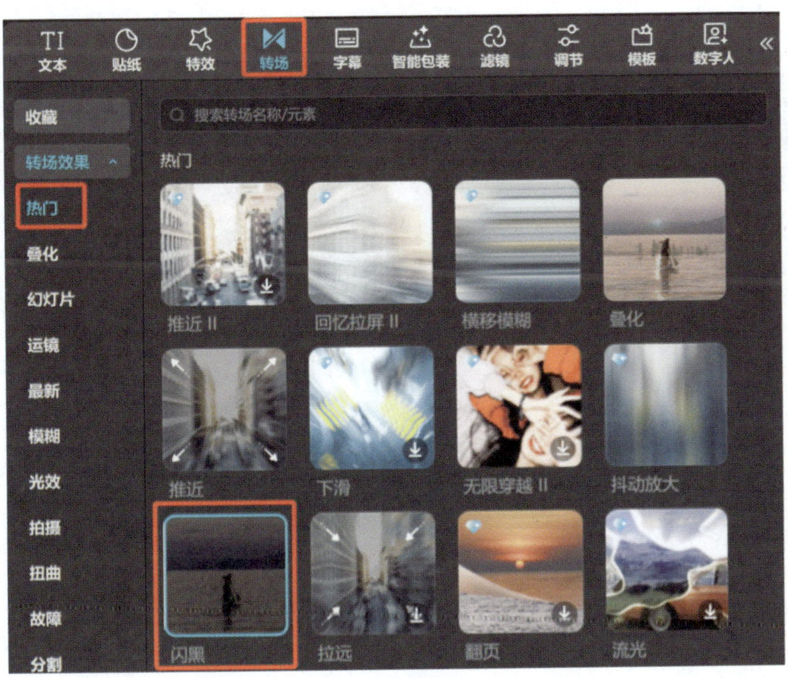


图 6-76　转场面板

将“闪黑”转场添加到分镜 1 和分镜 2 之间，如图 6-77 所示。

转场的时长设置为 1 秒，如图 6-78 所示。

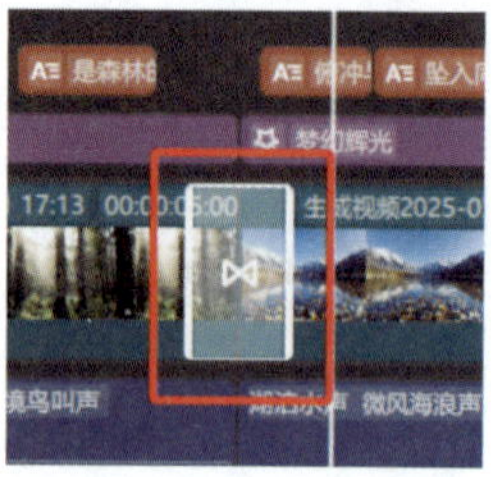

图 6-77 添加转场（1）

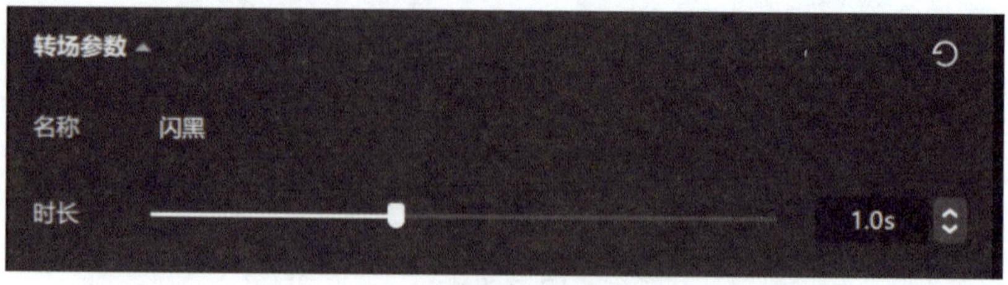


图 6-78 设置时长

在分镜 5 和分镜 6 之间添加“闪黑”转场效果，如图 6-79 所示。

图 6-79 添加转场（2）

## 6.9 最终效果

检查时间轴上所有的内容，如图 6-80 所示。

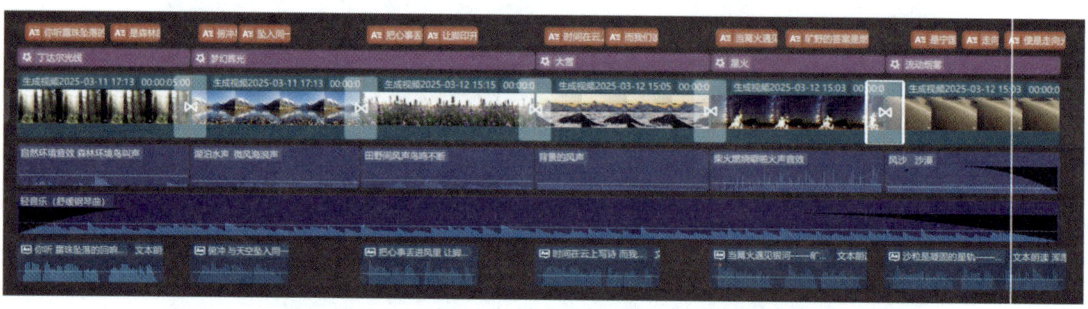

图 6-80 检查时间轴

视频制作完成后点击“导出”按钮，如图 6-81 所示。

图 6-81 导出

参数设置保持默认，如图 6-82 所示。

等待视频导出，如图 6-83 所示。

导出完成以后可以一键发送到抖音，如图 6-84 所示。

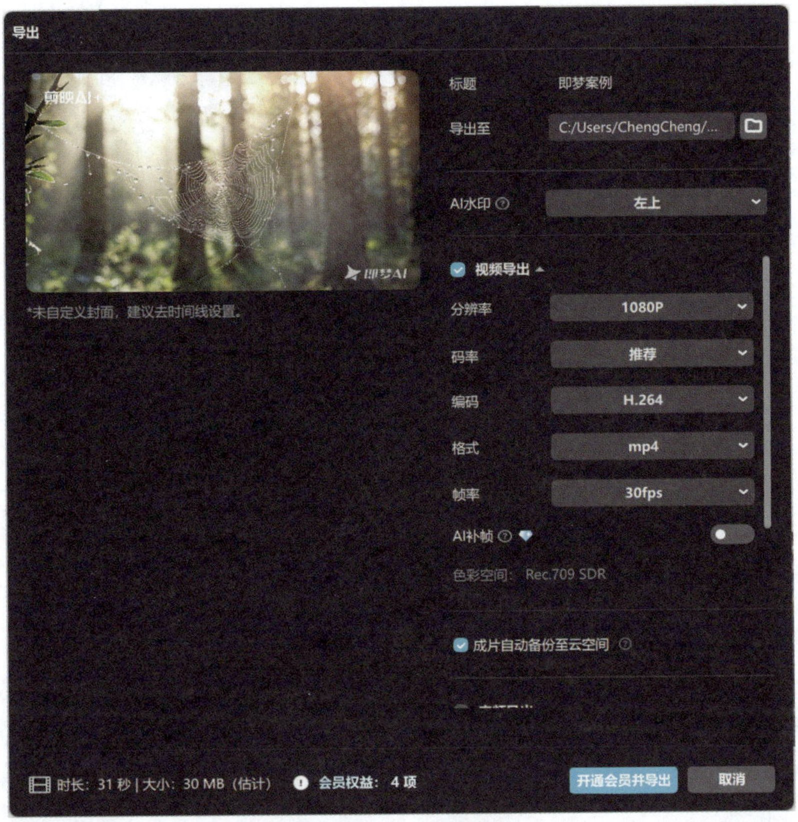


图 6-82　导出面板

图 6-83　等待视频导出

图 6-84 视频导出完成

视频效果截图如图 6-85 所示。

图 6-85

图 6-85 视频效果截图

第7章

# AI时代的短视频创作对个人的影响

## 7.1 AI 技术革命的三重突破

### 7.1.1 生成式 AI 工业化

生成式 AI 的工业化应用正引领着短视频创作领域的深刻变革。在传统模式下，内容创作往往需要耗费大量的人力、物力以及时间资源，而如今，生成式 AI 能够在短时间内以较低成本生成高质量的内容。对于短视频创作者而言，这意味着剧本撰写、对话设计乃至整个视频框架的构建都可以借助 AI 快速完成，从而显著缩短创作周期。这种工业化的内容生产方式，不仅提升了创作效率，降低了创作门槛，还使得更多人有机会参与到短视频创作中来，进一步推动了内容生产的规模化与多样化。

### 7.1.2 多模态认知跃迁

AI 技术的多模态认知跃迁为短视频创作，开辟了全新的可能性。当前的 AI 系统已经具备了理解和生成多种数据类型的能力，包括文本、图像、音频以及视频等，并且能够在不同模态之间实现有效的转换与融合。对于创作者来说，这一能力使得他们可以更加灵活地运用各种创作元素，从而打造出更加丰富多元的作品。例如，创作者可以通过 AI 将文字描述迅速转化为生动的视觉画面，或者将图像与音频进行完美结合，以此增强作品的感染力和表现力，为观众带来更为震撼的视听体验。

## 7.2 创作者生存法则：四维进化论

### 7.2.1 工具链掌控力

在 AI 技术快速迭代的当下，短视频创作者必须掌握多样化的工具链，以适应不断变化的技术环境。除了传统的拍摄设备和剪辑软件外，如今众多的 AI 创作工具如 DeepSeek、可灵 AI、即梦 AI 等也成了创作者不可或缺的得力助手。熟练掌握这些工具，能够帮助创作者更加高效地将创意转化为实际作品，从而在激烈的市场竞争中提升自身的竞争力，使作品在数量和质量上都能达到更高的水准。

### 7.2.2 创意护城河构建

尽管 AI 技术能够快速生成海量内容，但创意始终是创作者立足于短视频领域的核心竞争力。在 AI 时代，构建属于自己的创意护城河显得尤为重要。创作者需要不断挖掘自身独特的创意潜力，培养敏锐的创意思维和高雅的审美能力，逐步形成具有个人特色的创作风格和品牌标识。通过持续稳定地输出独特创意作品，创作者能够吸引并积累起属于自己的忠实受众群体，在竞争激烈的短视频市场中脱颖而出，建立起难以被复制和取代的竞争优势。

### 7.2.3 人机协同新定位

AI 时代的到来促使创作者与 AI 工具之间的关系发生了深刻变革。创作者不再仅仅是操作者，而是需要与 AI 建立起协同合作的伙伴关系。在这种新型关系中，创作者要充分发挥人类所独有的创造力、情感表达以及战略思维等优势，同时巧妙借助 AI 的高效性、精准性和数据处理能力，实现人机优势的完美互补。例如，在短视频创作过程中，创作者可以利用

AI 生成初步的创意框架和素材，然后凭借自身的专业素养和艺术感悟对作品进行深度加工和完善，从而创作出既具有 AI 技术赋能又蕴含人类情感与创意的独特作品。

## 7.3　未来战场预演

### 7.3.1　短视频创作的民主化

AI 技术的普及极大地降低了短视频创作的门槛，使得越来越多的人能够轻松参与到创作活动中来。这种创作趋势不仅丰富了短视频的内容生态，带来了更多元化的视角和创意，同时也加剧了市场竞争。在海量的创作内容中，如何让自己的作品脱颖而出成了每位创作者面临的挑战。这就要求创作者更加注重作品的质量和创新性，不断挖掘新颖的题材、独特的表现手法和深刻的内容内涵，以吸引观众的注意力并获得市场的认可。

### 7.3.2　创作者的持续进化

面对 AI 技术带来的机遇与挑战，短视频创作者必须保持持续学习和自我进化的能力。要密切关注行业动态，及时了解最新的技术发展趋势和创作手法，不断提升自身的专业技能和综合素质。同时，积极探索 AI 技术与传统创作的结合点，勇于尝试新的创作模式和表现形式，不断突破自我，推陈出新。只有这样，创作者才能在 AI 时代的短视频创作浪潮中立于不败之地，在实现个人价值最大化的同时，为观众带来更多优秀的作品，推动整个行业的不断向前发展。

总之，AI 时代的来临为短视频创作领域带来了前所未有的变革与机遇。创作者们需要积极拥抱这一变化，主动学习和掌握新的工具与技能，构建起自身的核心竞争力，并在与 AI 的协同合作中不断探索创新，以在未来的创作竞争中取得优势，实现个人的成长与突破，共同塑造短视频创作的美好未来。

AI